博碩文化

THE ART OF CLEAN CODE
Best Practices to Eliminate Complexity and Simplify Your Life

精通無瑕程式碼

工程師也能斷捨離！
消除複雜度、提升效率的 17 個關鍵技法

Christian Mayer 著 · 江玠峰 譯 · 博碩文化 審校

no starch press

THE ART OF CLEAN CODE
Best Practices to Eliminate Complexity and Simplify Your Life

精通無瑕程式碼

工程師也能斷捨離！
消除複雜度、提升效率的 17 個關鍵技法

Christian Mayer 著・江玠峰 譯・博碩文化 審校

本書如有破損或裝訂錯誤，請寄回本公司更換

作　　者：Christian Mayer
譯　　者：江玠峰
責任編輯：何芃穎

董 事 長：陳來勝
總 編 輯：陳錦輝

出　　版：博碩文化股份有限公司
地　　址：221 新北市汐止區新台五路一段 112 號 10 樓 A 棟
　　　　　電話 (02) 2696-2869　傳真 (02) 2696-2867

發　　行：博碩文化股份有限公司
郵撥帳號：17484299　戶名：博碩文化股份有限公司
博碩網站：http://www.drmaster.com.tw
讀者服務信箱：dr26962869@gmail.com
訂購服務專線：(02) 2696-2869 分機 238、519
（週一至週五 09:30 ～ 12:00；13:30 ～ 17:00）

版　　次：2023 年 6 月初版一刷

建議零售價：新台幣 600 元
I S B N：978-626-333-492-2
律師顧問：鳴權法律事務所 陳曉鳴律師

國家圖書館出版品預行編目資料

精通無瑕程式碼：工程師也能斷捨離，消除複雜度、提升效率的 17 個關鍵技法 / Christian Mayer 著；江玠峰譯 . -- 初版 . -- 新北市：博碩文化股份有限公司，2023.06　面；　公分
譯自：The art of clean code : best practices to eliminate complexity and simplify your life.

ISBN 978-626-333-492-2(平裝)

1.CST: 軟體研發 2.CST: 電腦程式設計

312.2　　　　　　　　　　　　　　112007641

Printed in Taiwan

歡迎團體訂購，另有優惠，請洽服務專線
博碩粉絲團 (02) 2696-2869 分機 238、519

商標聲明

有限擔保責任聲明

著作權聲明

獻給我的孩子，Amalie 和 Gabriel

關於作者

Christian Mayer 擁有電腦科學博士學位,是流行的 Python 網站 Finxter 的創始人,該教育平台每年教導超過 500 萬人如何寫程式。他寫了很多書,包括《Python One-Liners》(No Starch,2020 年)、《Leaving the Rat Race with Python》(2021 年)和 Coffee Break Python 系列。

關於技術校閱者

Noah Spahn 在軟體工程領域擁有多樣化的豐富背景,他擁有加州州立大學富勒頓分校的軟體工程碩士學位,目前在加州大學聖塔芭芭拉分校(UCSB)的電腦安全小組工作。Noah 曾在 UCSB 跨學科合作實驗室教授 Python 課程,也曾在韋斯特蒙特學院(Westmont College)教授有關程式語言概念的高年級課程。Noah 樂於教導任何有興趣學習的人。

摘要目次

推薦序

我還記得，當我學會第一行 Python 程式碼時有多麼地興奮；就好像我剛剛進入了一個充滿魔力的全新世界。隨著時間過去，我學會了操作 Python 變數、串列和字典；然後學會編寫 Python 函數，並熱情地開始編寫更複雜的 Python 程式碼。但沒過多久我就意識到，編寫程式碼並不能使我成為一名熟練的程式設計師——就好像我剛剛學會一點點魔術，但距離成為一名程式設計奇才還很遙遠。

雖然能完成工作，但我的程式碼很糟糕：具重複性且難以閱讀。當 Chris 告訴我這本書時，我心想，「真希望在我第一次寫程式時就擁有這本書」。有很多書可以教你程式碼編寫的技術細節，但像《精通無瑕程式碼》這樣的書卻很少見，這本書將展示如何應用九個原則來提高你的程式碼撰寫能力。良好的程式撰寫技能可以帶來更清晰的程式碼，讓你更專注有效地利用時間，並產生更高品質的結果。

閱讀「複雜度如何損害你的生產力」（第 1 章）對我學習 Python 和資料視覺化非常有幫助，因為我很早就意識到了可以用更少且更易於閱讀的程式碼建置功能強大的儀表板。一剛開始，隨著學會更多的 Python 函數和操作，我只想使用所有這些新的神奇技巧來建置強大的資料視覺化，但後來我學會了用更乾淨的程式碼來建置它們，而不僅僅是使用新技巧；偵錯我的程式碼變得更加簡單又快速。

在第 6 章和第 7 章中介紹的心流狀態和 Unix 哲學，是我多年前就希望知道的另外兩個原則。我們的文化普遍傾向將多工處理視為一種理想技能，因此，我也常對自己在同時處理電子郵件和電話又能編寫程式的能力感到自豪。我花了很長一段時間才意識到，關閉干擾並將注意力完全集中在手邊的程式碼上會產生多大的影響。幾個月後，我開始在日曆上留出時間專注於編寫程式，最終不僅寫出了錯誤較少、更好的程式碼，而且還從這個過程中得到了更多的樂趣。

應用本書所描述的原則，你可以更快成為一名熟練的程式設計師。事實上，我有機會親眼目睹應用本書原則所帶來的好處：Chris 的程式碼很乾淨，他的寫作引人入勝，而且產量很高。能有幸與 Chris 共事，並且看到他如何體現他在本書中強調的原則，實在是件很幸運的事。

知道如何寫好程式碼需要好奇心和實際練習。然而，「好」的程式設計師和「優秀」的程式設計師之間是有區別的——這本書將幫助你成為一名更專注、更高產量、更有效率的優秀程式設計師。

Adam Schroeder，Plotly 社群經理

《Python Dash》共同作者（No Starch Press，2022 年）

致謝

編寫一本程式設計書籍是建立在許多人的想法和貢獻之上的。我不想一一列舉,而是遵循自己的建議:**少即是多**。

首先,我要感謝你。我為你寫了這本書,以幫助你提高程式碼編寫技能並解決現實世界中的實際問題。感謝你將寶貴的時間交給我,我很感激。我寫這本書的主要目標是透過分享技巧和策略,節省你的時間並減輕你在寫程式生涯中的壓力,讓你覺得這本書是值得閱讀的。

我最大的動力來自 Finxter 社群的活躍成員,每天我都會收到來自 Finxter 學生的鼓勵訊息,這些訊息激勵著我繼續製作內容。當你閱讀本書時,我由衷歡迎你來到 Finxter 社群[譯註];很高興有你的加入!

我最感謝的莫過於 No Starch Press 團隊,他們讓本書的寫作過程成為一種啟發性的體驗。我要感謝我的編輯 Liz Chadwick;正是由於她出色的領導,才讓這本書達到我自己沒辦法達到的一種清晰程度。Katrina Taylor 憑藉在人員管理和文字理解方面的罕見才能,將這本書從最初的草稿變成了出版品;謝謝妳讓這本書成真,Katrina!我的技術審校

[譯註] 你可以在這裡加入我們的免費 Python 電子郵件學院:https://blog.finxter.com/subscribe/。我們有各種好用的快查表(cheat sheet)可以參考!

者 Noah Spahn 將他優異的技術能力用於「偵錯我的作品」。特別感謝 No Starch Press 的創始人 Bill Pollock，他允許我用這本書——同時還有 《Python One-Lines》和《Python Dash》一起為他教育和啟發 coder 的使 命盡一份微薄之力。Bill 是程式碼編寫產業中一位鼓舞人心且廣受歡迎 的領導者，但他仍然抽出時間做一些小事，例如在假期、週末和晚上回 覆我的訊息和問題！

我永遠感謝我美麗且支持我的妻子 Anna；我可愛的女兒 Amalie，她 充滿了奇妙的故事和想法；還有我那好奇心強烈的兒子 Gabriel，他總是 能讓周圍的每個人都更快樂。

有了這個，讓我們開始吧，好嗎？

目　錄

0

導論 xv
Introduction

比爾蓋茲的父母曾經邀請傳奇投資人巴菲特到家裡共度時光。在 CNBC 的一次採訪中，巴菲特講…

1

複雜度如何損害你的生產力 1
How Complexity Harms Your Productivity

在本章中，我們將全面了解「複雜度」這個重要且未被充分探討的主題。究竟什麼是「複雜度」…

2 八二法則 25
The 80/20 Principle

在本章中，你將了解 「八二法則」（80/20 principle）對你身為程式設計師生活的深遠影響。它有很多說法…

3 建置最小可行產品 49
Build a Minimum Viable Product

本章介紹了充斥在 Eric Ries 著作《The Lean Startup》中一個眾所皆知但仍被低估的想法⋯

4 編寫乾淨簡單的程式碼 63
Write Clean and Simple Code

Clean code（無瑕的程式碼）是易於閱讀、理解和修改的程式碼。它就是最小且簡潔的程式碼，前提⋯

5 過早優化是萬惡之源 99
Premature Optimization Is the Root of All Evil

在本章中，你將了解「過早優化」（premature optimization，或稱不成熟的優化）如何影響你的工作效率…

6 心流 117
Flow

在本章中，你將學到心流（**flow**）的概念以及如何使用它來提高程式設計效率。許多程式設計師發現…

7 做好一件事及其他的 UNIX 原則 127
Do One Thing Well and Other Unix Principles

Unix 作業系統的主要哲學很簡單：做好一件事。這表示，舉例來說，比起嘗試同時解決多個問題…

8 設計中的「少即是多」 157
Less Is More in Design

「簡單」是程式設計師的一種生活方式。或許你不認為自己是設計師，但你
很可能會在撰寫程式的生涯中…

9 專注 169
Focus

在這簡短的一章中，你將快速瀏覽本書最重要的課題：如何專注。本書一開始就討論了複雜度⋯

作者的話 177

導論

比爾蓋茲（Bill Gates）的父母曾經邀請傳奇投資人華倫巴菲特（Warren Buffett）到家裡共度時光。在 CNBC 的一次採訪中，巴菲特講到了比爾蓋茲的父親當時要求他和比爾蓋茲寫下成功的祕訣。稍後我會告訴你他們寫了什麼。

當時，科技奇才比爾蓋茲只見過著名投資家巴菲特一兩次，但他們很快就成為了朋友，兩人都領導著價值數十億美元的成功公司。年輕的比爾蓋茲即將與快速成長的軟體巨頭微軟（Microsoft）共同實現他的使命，即「在每張桌子上放置一台電腦」。巴菲特在當時已被譽為全球最成功的商業天才之一，眾所皆知，巴菲特將他持有多數股權的 Berkshire Hathaway 公司，從一家破產的紡織品製造商，拓展成為涵蓋保險、運輸和能源等多元化業務領域的重量級國際企業。

那麼，這兩位商業傳奇人物認為他們成功的祕訣是什麼？隨著故事的發展，在沒有任何討論的情況下，比爾蓋茲和巴菲特分別寫下了「專注」（focus）。

NOTE 你可以觀看巴菲特在 CNBC 的 YouTube 短片中討論到他們的互動，該影片標題為「'One word that accounted for Bill Gates' and my success: Focus' — Warren Buffett.」。

雖然這個「成功祕訣」聽起來很簡單，但你可能會想：它是否也適用於我的程式設計生涯？專注力在實務中是什麼樣的——喝著能量飲料和披薩徹夜編寫程式，或者吃全蛋白質飲食並在日出時起床？過著專注的生活有哪些不那麼明顯的後果？而且，重要的是，對於像我這樣的程式設計師，是否有實際應用的技巧可以從抽象的概念中獲益，以提高我的生產力？

本書旨在回答這些問題，以幫助你擁有一個更專注的程式設計人生，並在日常工作中變得更加有效率。我將向你展示，如何透過編寫更易於閱讀、簡潔又有重點的程式碼來提高工作效率，並且與其他程式設計師協作。正如我將在接下來的章節中向你展示的，「專注」原則適用於軟體開發的每一個階段；你將學習如何編寫 clean code，建立專注於做好一件事的函數，建立快速回應的應用程式，設計專注於易用性和美學的使用者介面，以及使用最小可行產品（MVP）規劃產品路線圖。我甚至會向你展示實現純粹的專注狀態可以怎麼樣大幅提高你的注意力，並幫助你從任務中體驗到更多興奮和快樂。正如你將看到的，本書的首要重點是盡你所能集中注意力——我將在接下來的章節中向你展示如何做到這一點。

對任何認真的 coder 來說，不斷提高專注力和工作效率是必不可少的。當你做更有價值的工作時，往往會得到更大的回報。但是，單純增加產量並不是解決辦法。這裡有一個陷阱：「如果我寫更多程式碼、建立更多測試、閱讀更多書籍、學更多東西、做更多思考、有更多交流、結識更多人，我就會完成更多工作。」但是，如果不「少做」一些事

情，就不可能「多做」另一些事情。時間是有限的——你每天有 24 小時，每週 7 天，就像我和其他人一樣。這是一個你避不掉的數學限制：在有限的空間內，如果一個東西變大了，其他東西必須縮小才能騰出空間。書讀得多了，見的人可能就變少了。如果你見更多人，可能就會少寫一些程式碼。如果你寫了更多的程式碼，可能就要犧牲掉和所愛的人的相處時間。你無法逃避最基本的取捨：在有限的空間裡，不可能只有「更多」而沒有「更少」。

與其把焦點放在「做更多」的明顯結果上，本書採取了相反的觀點：當你降低了複雜度，你會減少工作量，同時從結果中獲得更多價值。深思熟慮的簡約主義是個人生產力的圭臬，正如你將在後面章節中看到，它是有效的。透過以正確的方式對電腦進行程式開發，並使用本書中介紹的永恆不敗原則，你可以用更少的資源創造更多的價值。

透過創造更多價值，你還可以獲得更高的報酬。比爾蓋茲有一句名言：「一位優秀的車床操作人員的工資是普通車床操作人員的幾倍，但一位優秀的軟體程式撰寫人員的價值是普通軟體撰寫人員的 10,000 倍。」

一個原因是，偉大的軟體開發者執行高度槓桿化的活動：以正確的方式對電腦進行程式設計，可以取代數千份職業和幾百萬小時的有償工作。舉例來說，執行自駕車的程式碼可以取代數百萬個司機的勞動力，同時更便宜、更可靠，而且（可以說）更安全。

這本書是為誰寫的？

你是一名從事寫程式工作的人，希望以更快的程式碼和更少的痛苦創造更多價值嗎？你是否曾發現自己陷入了尋找 bug 的模式？程式碼的複雜度是否常常讓你不知所措？你是否難以決定下一步要學習什麼，必須從數百種程式語言（Python、Java、C++、HTML、CSS、JavaScript）和數千種框架和技術（Android apps、Bootstrap、TensorFlow、NumPy）中進

行選擇？如果上述任何一個問題你回答「沒錯！」（或是「對啦」），那麼你手裡拿著的書，正是你需要的！

本書適合所有想提高生產力的程式設計師——目標是事半功倍。如果你追求簡單並相信奧坎剃刀（Occam's Razor）的簡約法則——「多做不必要的事情是沒有意義的」，那麼這本書正是為你而準備。

你會學到什麼？

本書展示了如何實際應用九個原則來將你的程式設計師潛力提高幾個數量級。這些原則將會簡化你的生活，減少複雜度、掙扎和工作時間。我並不會聲稱任何原則是新想法，它們廣為人知——並被最成功的 coder、工程師、哲學家和創作家證明是有效的。這就是它們成為「原則」的原因！然而，在本書中，我將把這些原則明確地應用到 coder 身上，給出實際案例，並在可能的情況下提供程式碼範例。

第 1 章 將探討在生產力中增加價值所面臨的主要挑戰：複雜度。你將學會識別生活和程式碼中複雜度的來源，並了解複雜度會損害你的工作效率和產出。複雜度無處不在，你需要時刻保持警惕。「讓事情簡單化！」

在**第 2 章**中，你將了解「80/20 法則」（80/20 principle，簡稱八二法則）對你的程式設計人生有著深遠影響。大多數影響（80%）來自於少數原因（20%）；這是程式設計中無處不在的情景。你也將了解到八二法則是碎形（fractal）^[編註] 結構：20% coder 中的 20% 將獲得薪水 80% 中的 80%。換句話說，世界上 4% 的 coder 賺取了 64% 的錢。對持續槓桿和優化的追求是永無止盡的！

[編註] fractal 是一個數學術語，指的是一種特殊幾何圖形或數學模式，在不同尺度上重複出現相似的結構或圖案，結構的一部分看起來像整個結構的縮小版或放大版，故具有自相似性。這種特性在自然界和科學中都可見到，如地理地形、植物生長模式和肺部支氣管樹狀結構。

在**第 3 章**中，你將了解如何「建置最小可行產品」以儘早測試你的假設、最大限度減少浪費並加速完成建置、測量和學習週期。這個想法是透過儘早獲得回饋，來學習該將精力和注意力集中在哪裡。

在**第 4 章**中，你將了解到「編寫簡潔無瑕程式碼」的好處。不同於多數人的直覺假設，編寫程式碼的首要條件應該最大化可讀性，而不是最小化 CPU 週期的使用。程式設計師的時間和精力比 CPU 週期要珍貴得多，編寫難以掌握的程式碼會降低組織的效率以及我們集體人類智慧。

在**第 5 章**中，你將了解效能優化的概念基礎，以及過早優化的陷阱。電腦科學之父 Donald Knuth 曾經說過：「過早優化是萬惡之源！」當你確實需要優化程式碼時，請運用八二法則：對那些佔運行時間 80% 的 20% 函數進行優化。擺脫瓶頸、忽略其餘部分，然後重複執行。

在**第 6 章**中，你將和我一起進入 Mihaly Csikszentmihalyi 令人興奮的「心流」（flow）世界。心流狀態是一種純粹專注的狀態，它可以顯著提高生產力並有助於建立深度工作的文化——引用電腦科學教授 Cal Newport 所述，他也為本章灌注了一些想法。

在**第 7 章**中，你將了解到 Unix 的哲學「專注做一件事並把它做好」。Unix 的開發人員沒有使用具有大量功能的單一（並且可能具有更高效能的）kernel，而是選擇實作具有許多可選輔助函數的小型 kernel；這有助於 Unix 生態系擴大規模，同時保持乾淨和（相對）簡單。我們會看到如何將這些原則應用到自己的工作中。

在**第 8 章**中，你將進入電腦科學中受益於簡約主義思維的另一個重要領域：設計和使用者體驗（UX）。想想 Yahoo Search 和 Google Search、Blackberry 和 iPhone，以及 OkCupid 和 Tinder 之間的區別。最成功的技術通常帶有極其簡單的使用者介面，因為在設計中，「少即是多」。

在**第 9 章**中，你將重新審視「專注」的力量，並學習如何將它應用到不同的領域以大幅增加你（和你的程式）的輸出！

最後，我們將進行總結，為你提供可執行的後續步驟，幫你備妥一套可靠工具去面對這個複雜的世界並簡化它。

1

複雜度如何損害你的生產力

在本章中，我們將全面了解「複雜度」這個重要且未被充分探討的主題。究竟什麼是「複雜度」？它在哪裡發生？它如何損害你的生產力？複雜度是精實有效的組織與個人的宿敵，因此值得我們仔細研究複雜度的所有領域及其形式。本章著重於「複雜度」本身的問題——後續的章節會透過釋放之前被複雜度佔用的資源，來探索解決這個問題的有效方法。

讓我們先快速瀏覽一下複雜度可能讓一名 coder 新手望而生畏之處：

* 選擇一個開發程式語言

* 從數千個開放原始碼（open source）專案和無數個問題中選擇一個程式專案來進行工作

* 決定使用哪些函式庫（scikit-learn v.s. NumPy v.s. TensorFlow）

- 決定在哪些新興技術上投入時間——Alexa 應用程式、智慧型手機應用程式、基於瀏覽器的網路應用程式、整合的 Facebook 或 WeChat 應用程式、虛擬實境應用程式等

- 選擇程式碼編輯器，例如 PyCharm、整合開發和學習環境（integrated development and learning environment, IDLE）以及 Atom

鑑於這些複雜度來源所造成的巨大混亂，會產生「我該如何開始？」的疑惑也就不足為奇，這是程式設計初學者最常見的問題之一。

最好的開始方式，「不是」選擇一本程式設計書籍並閱讀該程式語言的所有語法特性。許多野心勃勃的學生把購買程式設計書籍當作一種自我激勵，然後將學習任務增加到他們的待辦事項清單中——如果花錢買了書，最好就要閱讀它，否則投資將會付之一炬。然而，與待辦事項清單上的許多其他任務一樣，「閱讀程式設計書籍」鮮少能完成。

最好的開始方式，是選擇一個實用的程式專案——如果你是初學者，選一個簡單的專案就好——然後推動它直到完成為止。在完成一個完整的專案之前，不要研讀程式書籍或是網路上隨機找到的教學課程，也不要在 StackOverflow 上一直瀏覽無窮無盡的資訊流。只需設定好專案，使用你擁有的有限技能和常識就可以開始寫程式了。我有一位學生想建立一個財務儀表板應用程式，檢視不同資產配置的歷史報酬，以回答諸如「由 50% 股票和 50% 政府債券所組成的投資組合最大下跌年份為何？」之類的問題。起初她不知道如何處理這個專案，但很快地就發現了一個名為 Python Dash 的框架，該框架用於建置基於資料的網站應用程式。她學會了如何設定伺服器，而且只學了為達目的所需的 HyperText Markup Language（HTML）和 Cascading Style Sheets（CSS），現在她的應用程式已經上線，已幫助了成千上萬的人找到了正確的資產配置。但更重要的是，她加入了建立 Python Dash 的開發人員團隊，甚至正在與 No Starch 出版社合作撰寫一本相關書籍。她在一年內完成了所有這些工作——你也可以！如果你不明白自己在做什麼，沒關係；你會逐步增加對事物的理解力。閱讀文章只是為了在你眼前的專案上取得進展。完成你的第一個專案的過程，引入了許多高度相關的問題，包括：

你應該使用哪個程式碼編輯器？

你如何安裝專案的程式語言？

你如何從檔案中讀取輸入？

你如何將輸入儲存在程式中以備稍後使用？

你如何操縱輸入以取得所需的輸出？

藉由回答這些問題，你將逐漸建立一套全面的技能。隨著時間進展，你將能夠更輕鬆地回答好這些問題，有能力解決更大的問題，且將建立一個包含程式設計模式和概念見解的內部資料庫。即使是高階的 coder 也是透過同樣的過程學習和改進──不同的是程式專案會變得更大、更複雜。

運用這種基於專案的學習方法，你可能會發現自己在許多地方膠著在「複雜度」上，像是在不斷增長的 codebase 中找尋錯誤、理解程式碼元件及其互動方式、選擇下一步要實作的正確功能以及理解程式碼中的**數學和概念基礎**。

在專案的每個階段，複雜度無所不在。這種複雜度的隱形成本通常是 coder 新手無能為力的地方，致使專案永遠無法成功問世。那麼問題來了：如何解決複雜度問題？

答案很簡單：「精簡」。在整個撰寫程式週期的每個階段，追求簡單和專注。如果你在本書中只學一個概念，那就學這件事：在程式設計的每個領域中，都要採取極度簡約主義的立場。我們在整本書中將討論以下所有方法：

- 整理你的一天，少做一些事，把精力集中在重要的任務上。例如，與其同步啟動十個新的有趣程式專案，不如仔細挑選一個並集中精力完成這一個專案。在**第 2 章**中，你將會更深入了解程式設計中的八二法則。

- 給定一個軟體專案，去掉所有不必要的功能，專注於「最小可行產品」（見**第 3 章**），發布它，並快速有效地驗證你的假設。

- 盡可能編寫簡單明瞭的程式碼。在**第 4 章**中，你將學習到許多實用技巧來實踐這一點。

- 減少時間和精力在「過早優化」上──優化不須優化的程式碼，是造成不必要複雜度的主要原因之一（見**第 5 章**）。

- 把大量的時間保留給程式設計以減少切換時間，進而達到「心流」狀態──這是心理學研究中的一個術語，用於描述一種專注的精神狀態，它可以提高你的注意力、專注力和生產力。**第 6 章**是講述如何達到心流狀態。

- 應用 Unix 哲學，將程式碼函數聚焦在一個目標上（即「做好一件事」）。有關 Unix 哲學的詳細指南，請參閱**第 7 章**，其中包含 Python 程式碼範例。

- 應用簡化在程式設計中，以建立美觀、乾淨、專注的使用者介面，使其易於使用且更為直觀（見**第 8 章**）。

- 在規劃你的職涯、你的下一個專案、你的一天或你的專業領域時，應用「專注技術」（focusing technique，見**第 9 章**）。

接下來就讓我們深入探討複雜度的概念，以了解這個影響寫程式效率的重大威脅。

複雜度是什麼？

在不同的領域，「複雜度」一詞具有不同的涵義。有時，它是嚴格定義的，例如電腦程式的**計算複雜度（computational complexity）**，它提供了一種針對不同輸入來分析程式碼函數的方法。其他時候，則大略定義為系統元件之間互動的數量或結構。在本書中，我們將更通用地來使用它。

我們將「複雜度」定義如下：

複雜度　由多個部分所組成的整體，難以分析、理解或解釋。

複雜度描述了整個系統或實體。由於系統複雜度難以解釋，因此會造成困惑並導致混亂。現實世界的系統是雜亂無章的，到處都看得到複雜度：不論是股票市場、社會趨勢、新興的政治觀點還是具有數十萬行程式碼的大型電腦程式——例如 Windows 作業系統。

如果你是一名 coder，你特別容易遇到難以忍受的複雜度，例如來自於以下這些不同的來源，我們將會在本章中介紹：

專案生命週期中的複雜度

軟體和演算法理論的複雜度

學習的複雜度

流程的複雜度

社群網路的複雜度

日常生活的複雜度

專案生命週期中的複雜度

讓我們深入了解專案生命週期的不同階段：規劃、定義、設計、建置、測試和部署（見圖 1-1）。

部署　　　規劃

測試　軟體開發
生命週期　定義

建置　　　設計

▲ 圖 1-1：根據 IEEE（Institute of Electrical and Electronics Engineers，美國電子電機工程師學會）軟體工程官方標準，軟體專案有六個概念階段。

即使你處理的是一個非常小的軟體專案，你也可能會經歷軟體開發生命週期的所有六個階段。請注意，你未必只完成每個階段一次——在現代軟體開發中，通常更傾向於使用迭代（iterative）的方法，其中每個階段都會多次重覆用到。接下來，我們來看看複雜度如何對每個階段產生重大影響。

規劃

軟體開發生命週期的第一階段是規劃階段，有時在工程文獻中稱為**需求分析（requirement analysis）**。此階段的目的是確定產品的外觀，成功的規劃階段會打造出一組嚴格定義的必備功能來交付給終端使用者。

無論你是從事業餘專案的個人工作者，還是負責管理與協調多個軟體開發團隊之間的協作，你都必須確定軟體所需的最佳功能。必須考慮到許多因素：建置一項功能的成本、無法成功實作該功能的風險、終

端使用者期望的價值、行銷和銷售影響、可維護性（maintainability）、可擴展性（scalability）、法規限制以及很多其他因素。

　　這個階段至關重要，因為它可以幫助你避免日後浪費大量精力，況且規劃錯誤有可能會導致數百萬美元的資源浪費。另一方面，縝密的規劃可以讓企業在接下來幾年獲得巨大成功。規劃階段是應用你新學到的八二思維的絕佳時機（見**第 2 章**）。

　　由於涉及到複雜度，規劃階段也不容易正確執行。有一些考慮因素增加了複雜度：事前正確評估風險、確定公司或組織的策略方針、猜測客戶的反應、權衡不同功能選項的正面影響，以及確定給定軟體功能的法律面影響。總而言之，光是解決這個多維問題的複雜度就讓我們疲於奔命。

定義

定義階段包括將規劃階段的結果轉化為正確的軟體需求規格。換句話說，它將前一階段的輸出形式化，以取得日後使用該產品的客戶和終端使用者之認可或回饋。

　　如果你花了很多時間去規劃和確認專案需求，但卻沒有把這些需求好好傳達出去，後續恐將引起重大的問題和困難；一個「對專案有幫助但描述錯誤的需求」，可能與一個「對專案沒幫助但正確描述的需求」一樣糟糕。有效的溝通和精確的規範對於避免歧義和誤解至關重要。在所有人類交流中，傳達訊息是一個十分複雜的過程，這是由於「知識的詛咒」（curse of knowledge）[編註]和其他心理偏見超越了個人經歷的相關性所致。如果你嘗試將想法（或與此相關的要求）從你的腦海中傳遞到另一個人的腦海中，請小心：複雜度會出手攻擊你！

[編註] 知識的詛咒（curse of knowledge）是指一個有特定知識的人，往往無法意識到其他人對於該知識欠缺或理解困難，導致溝通不良或無法有效傳達訊息。

設計

設計階段的目標是起草系統架構，決定要交付的功能模組和元件，並設計使用者介面 ——同時牢記前兩個階段開發的需求。設計階段的黃金準則是清楚描述最終軟體產品的外觀及如何建構產品，這適用於所有軟體工程方法，而敏捷方法只是更快迭代這些階段。

但魔鬼藏在細節裡！一個偉大的系統設計師必須了解他們可以用來建置系統的各種軟體工具優缺點，例如，有些函式庫對程式設計師來說可能很容易使用，但執行速度很慢。建立自訂函式庫對程式設計師來說較困難，但可能速度較快，進而提高最終軟體產品的易用性。設計階段必須修復這些變數，以便最大化「效益成本比」（benefit-to-cost ratio）。

建置

建置階段是許多 coder 想要投入所有時間的地方，因為這是從「架構草稿」轉換到「軟體產品」的階段，你的想法會轉化為具體的結果。

透過前面兩個階段的正確準備，已經消除了很多複雜度。理想情況下，建置者應該明確知道在所有可能的產品功能中要實作哪些功能、這些功能如何呈現，以及應使用哪些工具來實作它們。然而，建置階段總是充滿了新浮現的問題：外部函式庫中的錯誤、效能問題、損壞的資料和人為失誤等等不在意料中的情況，都可能會減慢進度。建置軟體產品是一項相當複雜的過程，一個微不足道的拼寫錯誤，就可能會危害到整個軟體產品的可行性。

測試

恭喜！你已經實作了所有必要的產品功能，而且程式也似乎可以運作了。不過，事情還沒有結束，你還必須針對不同使用者的輸入和使用模式對軟體產品的行為進行測試。這個階段通常是最重要的——以至於許多從業人員現在提倡使用**測試驅動開發**（test-driven development,

TDD）方法，意即，在沒有編寫好所有測試的情況下，你甚至不會開始實作（在建置階段）。當然，你可以不認同這種觀點，不過花點時間建立測試使用案例並檢查軟體是否提供了正確的結果，來測試一下你的產品，通常是不錯的做法。

舉例來說，假設你正在實作一輛自駕車。你必須編寫「**單元測試**」（**unit test**）來檢查程式碼中的每一個小函數（一個**單元**）是否能根據輸入生成所需的輸出。單元測試通常會發現在某些（極端）輸入下表現異常的錯誤函數；例如，考慮以下 Python stub（替身）函數，用於計算一張圖像中的平均紅、綠和藍（RGB）色值，可能用於區分你是在城市還是森林中旅行：

```python
def average_rgb(pixels):
    r = [x[0] for x in pixels]
    g = [x[1] for x in pixels]
    b = [x[2] for x in pixels]
    n = len(r)
    return (sum(r)/n, sum(g)/n, sum(b)/n)
```

例如，以下像素串列將分別產生 96.0、64.0 和 11.0 的平均紅、綠和藍色值：

```python
print(average_rgb([(0, 0, 0),
                   (256, 128, 0),
                   (32, 64, 33)]))
```

輸出為：

```
(96.0, 64.0, 11.0)
```

儘管該函數看起來很簡單，但在實務中可能會出錯。如果像素的元組（tuple）串列損壞了，其中一些（RGB）元組只有兩個而不是三個元素怎麼辦？如果一個值是非整數類型怎麼辦？如果輸出必須是整數元組以避免所有浮點計算固有的浮點錯誤，那該怎麼辦？

單元測試可以測試所有這些條件，以確保該函數能夠獨立運作。

這裡有兩個簡單的單元測試，一個檢查函數是否適用於以零為輸入的邊界情況，另一個檢查函數是否回傳整數元組：

```python
def unit_test_avg():
    print('Test average...')
    print(average_rgb([(0, 0, 0)]) == average_rgb([(0, 0, 0), (0, 0, 0)]))

def unit_test_type():
    print('Test type...')
    for i in range(3):
        print(type(average_rgb([(1, 2, 3), (4, 5, 6)]))[i]) == int)

unit_test_avg()
unit_test_type()
```

結果顯示類型檢查失敗，而且函數沒有回傳正確的類型，該類型原本應該是整數元組（tuple-of-integer）值：

```
Test average...
True
Test type...
False
False
False
```

在更現實的環境中，測試人員會編寫數百個這樣的單元測試來檢查函數是否適用於所有類型的輸入——以及它是否產生預期的輸出。只有當單元測試顯示該函數正常運作時，我們才能繼續測試應用程式中更高層級的函數。

事實上，即使所有的單元測試都成功通過了，你還是沒有完成測試階段。你必須測試單元之間的正確互動，因為它們要建置一個更大的整體系統。你必須設計真實世界的測試，將汽車行駛數千甚至數萬英里，才能發現特異與非預測情況下不在預期中的行為模式。如果車子行駛在沒有路標的小路上該怎麼辦？如果前面的車突然停下該怎麼辦？如果多輛車同時停等在十字路口時該怎麼辦？如果駕駛突然轉向正在趨近的車流怎麼辦？

有很多測試需要考慮；而由於複雜度如此之高，以至於許多人在這裡就投降認輸了。理論上看起來不錯的東西，即使在你第一次實作之後，在應用不同層級的軟體測試（例如單元測試或實際使用測試）後，實務上也經常會失敗。

部署

軟體至此已通過了嚴格的測試階段，是時候部署它了！部署可以採取多種形式：應用程式可以發布到市場上，套件可以發布到儲存庫，也可以公開主要（或次要）發布版本。在一種更迭代、敏捷的軟體開發方法中，你可以使用**持續部署**（continuous deployment）多次重新進行部署階段。這個階段將依據你的具體專案而有所不同：啟動產品、建立行銷活動、與產品的早期使用者溝通、修復使用者接觸過後必定會曝露出來的新 bug、協調軟體在不同作業系統上的部署、支援和解決不同類型的問題，或是持續維護 codebase 以隨時調整改進。考慮到你在前幾個階段所做的各種設計選擇之「複雜度」和「相互依賴性」，這個階段可能會變得非常混亂。隨後的章節將提出一些策略來幫助你克服混亂。

軟體和演算法理論的複雜度

一個軟體**內部**的複雜度，不會少於軟體開發過程的複雜度。軟體工程中有許多指標可以用來正式衡量軟體的複雜度。

首先，我們來看看**演算法複雜度**（algorithmic complexity），它與不同演算法的資源需求有關。藉由演算法複雜度，你可以比較用於解決相同問題的不同演算法；例如，假設你實作了一個具有高分榜（high-score rating system）的遊戲 app，你希望得分最高的玩家出現在列表最上方，而得分最低的玩家出現在列表最下方。換句話說，你需要對列表進行**排序**（sort）。有數以千計的演算法能用來對列表進行排序，對一百萬名玩家進行排序的計算要求，比對一百名玩家的要求更高；有些演算法可以隨著輸入列表增加擴展得更好，其他演算法則會變得更糟。當你

的應用程式僅服務幾百名使用者，選擇哪一種演算法並不重要，但隨著使用人數不斷增加，列表的執行時間複雜度會以超線性（superlinearly）方式增長。很快地，終端使用者將不得不花更長時間等待得分榜更新，他們會開始抱怨，而你則需要更好的演算法！

圖 1-2 展示了兩種示意演算法的演算法複雜度。x 軸代表要排序的列表大小，y 軸代表演算法的執行時間（以時間為單位）。演算法 1 比演算法 2 慢得多，實際上，當必須排序的列表元素增加，演算法 1 的低效率會愈來愈明顯。使用演算法 1，你的遊戲 app 會隨著更多使用者加入而變得更慢。

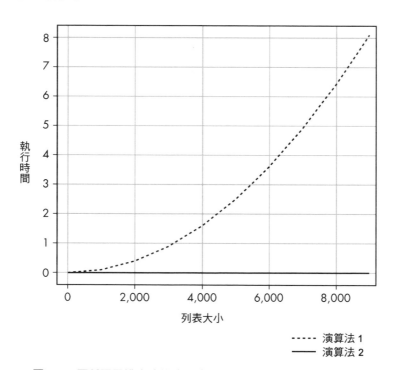

▲ 圖 1-2：兩種不同排序演算法的演算法複雜度。

　　讓我們看看這是否適用於真正的 Python 排序方法。圖 1-3 比較了三種流行的排序演算法：氣泡排序（bubble sort）、快速排序（Quicksort）和 Timsort。氣泡排序演算法複雜度最高，而快速排序法和 Timsort 具有相同的漸近演算法複雜度，但是 Timsort 演算法還是快多了——這就是為什麼它被用作 Python 的預設排序方法。氣泡排序演算法的執行時間會隨著列表大小增加而呈爆炸式增長。

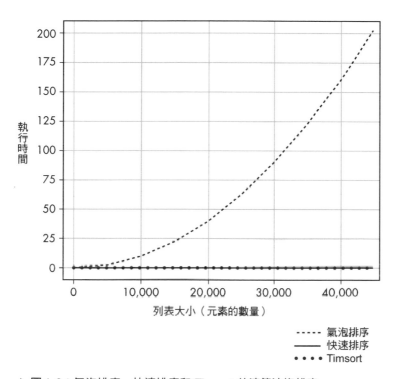

▲ 圖 1-3：氣泡排序、快速排序和 Timsort 的演算法複雜度。

　　在圖 1-4 中，我們重複了這個實驗，但只針對快速排序和 Timsort。再次發現，演算法複雜度存在著巨大差異：Timsort 可擴展性更好，而且隨著列表大小增加，速度會更快。現在你明白為什麼 Python 的內建排序演算法這麼長時間以來都沒有改變了吧！

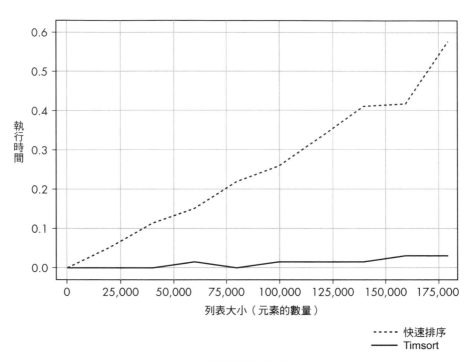

▲ 圖 1-4：Quicksort 和 Timsort 的演算法複雜度。

　　清單 1-1 展示了 Python 中的程式碼，也許你會想要重現該實驗。我建議你為 n 選擇一個較小的值，因為這個程式碼在我的機器上執行了很久才終止。

```python
import matplotlib.pyplot as plt
import math
import time
import random


def bubblesort(l):
    # src: https://blog.finxter.com/daily-python-puzzle-bubble-sort/
    lst = l[:] # 使用副本進行操作，不修改原始資料
    for passesLeft in range(len(lst)-1, 0, -1):
        for i in range(passesLeft):
            if lst[i] > lst[i + 1]:
                lst[i], lst[i + 1] = lst[i + 1], lst[i]
```

```python
        return lst


def qsort(lst):
    # 解釋：https://blog.finxter.com/python-one-line-quicksort/
    q = lambda lst: q([x for x in lst[1:] if x <= lst[0]])
                    + [lst[0]]
                    + q([x for x in lst if x > lst[0]]) if lst else []
    return q(lst)


def timsort(l):
    # 使用 Timsort 內部排序
    return sorted(l)


def create_random_list(n):
    return random.sample(range(n), n)




n = 50000
xs = list(range(1,n,n//10))
y_bubble = []
y_qsort = []
y_tim = []

for x in xs:

    # 建立串列
    lst = create_random_list(x)

    # 測量氣泡排序的時間
    start = time.time()
    bubblesort(lst)
    y_bubble.append(time.time()-start)

    # 測量快速排序的時間
    start = time.time()
    qsort(lst)
    y_qsort.append(time.time()-start)

    # 測量 Timsort 的時間
```

```
start = time.time()
timsort(lst)
y_tim.append(time.time()-start)


plt.plot(xs, y_bubble, '-x', label='Bubblesort')
plt.plot(xs, y_qsort, '-o', label='Quicksort')
plt.plot(xs, y_tim, '--.', label='Timsort')

plt.grid()
plt.xlabel('List Size (No. Elements)')
plt.ylabel('Runtime (s)')
plt.legend()
plt.savefig('alg_complexity_new.pdf')
plt.savefig('alg_complexity_new.jpg')
plt.show()
```

清單 1-1：測量三個流行排序法的執行時間

　　演算法複雜度是一個已受到廣泛研究的領域。在我看來，這項研究產生的改進演算法是人類最有價值的技術資產之一，使我們能夠一而再使用更少的資源來解決同樣的問題。我們是真正站在巨人的肩膀上。

　　除了演算法複雜度，我們還可以用**循環複雜度（cyclomatic complexity）**來計算程式碼的複雜度。這個度量標準由 Thomas McCabe 在 1976 年所開發，描述了你的程式碼中**線性獨立路徑（linearly independent path）**的數量，或是至少有一條邊不在另一條路徑中的路徑數量。例如，帶有 if 敘述句的程式碼會產生兩條獨立的路徑，因此它的循環複雜度會比沒有 if 敘述分支結構的程式碼更高。圖 1-5 展示了兩個 Python 程式的循環複雜度，它們處理使用者輸入並做出相應的回應。第一個程式只包含一個條件分支（conditional branch），可以把它看作岔路口；我們可以選擇任何一個分支，但不能同時選擇兩者。因此，其循環複雜度為二，因為有兩條線性獨立的路徑。第二個程式包含兩個條件分支，導致總共有三條線性獨立路徑和三個循環複雜度。每個額外的 if 敘述句都會增加循環複雜度。

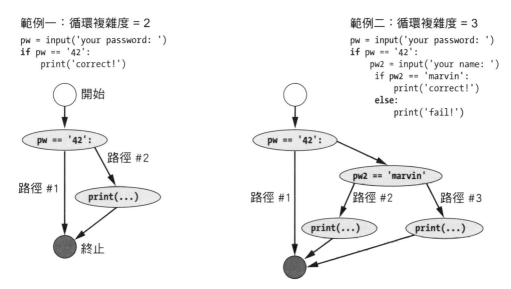

```
範例一：循環複雜度 = 2
pw = input('your password: ')
if pw == '42':
    print('correct!')
```

```
範例二：循環複雜度 = 3
pw = input('your password: ')
if pw == '42':
    pw2 = input('your name: ')
    if pw2 == 'marvin':
        print('correct!')
    else:
        print('fail!')
```

▲ 圖 1-5：兩個 Python 程式的循環複雜度。

　　循環複雜度是一個可靠的代理指標，它能評估難以計算的**認知複雜度（cognitive complexity）**，亦即理解給定 codebase 的難度。但是，相較於單一平坦的 for 迴圈而言，循環複雜度忽略了來自多個巢狀 for 迴圈的認知複雜度，而這也就是為什麼其他測量方式（如 NPath 複雜度）會在循環複雜度之上一再改進的原因。總而言之，程式碼複雜度不僅是演算法理論的一個重要主題，而且與實作程式碼時的所有實際問題相關——也與編寫易於理解、可讀和強健的程式碼有關。幾十年來，演算法理論和程式設計複雜度都受到了徹底的研究，而這些努力的主要目標是「降低計算和非計算的複雜度」（computational and non-computational complexity），以減輕其對人類和機器生產力與資源利用的有害影響。

學習的複雜度

事實並不存在於真空中，而是相互關聯的。考慮以下兩個事實：

Walt Disney（華特迪士尼）出生於 1901 年。

Louis Armstrong（路易斯阿姆斯壯）出生於 1901 年。

如果你為程式提供這些事實，它可以回答像是「Walt Disney 的生日是哪一年」以及「誰出生於 1901 年」之類的問題。要回答後者，程式必須弄清楚不同事實的相互依賴關係。它可以像這樣對資訊進行建模：

```
(Walt Disney, born, 1901)
(Louis Armstrong, born, 1901)
```

要取得所有出生於 1901 年的人，可以使用資料庫查詢 (*, born, 1901) 或任何其他方式來關聯事實並將它們組合在一起。

2012 年，Google 推出了一項新搜尋功能，在搜尋結果頁面上顯示資訊框（info box）。這些基於事實的資訊框使用了名為「知識圖」（knowledge graph）的資料結構所填寫的，它是一個龐大的資料庫，包含了數十億個相互關聯的事實，以類似網路的結構表示資訊。該資料庫並不是儲存客觀和獨立的事實，而是維護不同事實和其他資訊之間相互關聯的資訊。Google 搜尋引擎使用這個知識圖來豐富它的搜尋結果與更高層次的知識，並自動形成答案。

圖 1-6 展示了一個範例，這個知識圖上的一個節點可能與著名的電腦科學家圖靈（Alan Turing）有關。在這個知識圖中，Alan Turing 的概念與不同的資訊相關聯，例如他的出生年份（1912）、他的研究領域（Computer science, Philosophy, Linguistics）和他的博士班指導教授（Alonzo Church）。這些資訊中，每一個也與其他事實相關（Alonzo Church 的研究領域也是 Computer science），進而形成了一個龐大且相互關聯的事實網路。你可以使用此網路以程式設計方式取得新資訊並回答使用者的查詢，查詢「圖靈博士班指導教授的研究領域（field of study of Turing's doctoral advisor）」將得到簡化的答案「電腦科學（Computer science）」。雖然這聽起來很簡單或顯而易見，但生成此類新事實的能力已導致資訊檢索和搜尋引擎相關性的重大突破。你可能會同意，透過關聯學習比記住不相關的事實要有效得多。

```
Some triples represented in the graph:
("Alan Turing", "has doctoral advisor", "Alonzo Church")
("Alan Turing", "has field of study", "Philosophy")
("Alan Turing", "has field of study", "Linguistics")
```

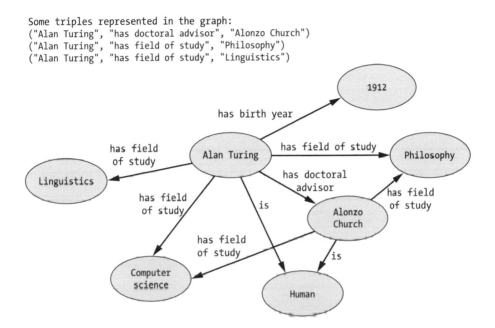

▲ 圖 1-6：知識圖的表示方式。

　　每個研究領域都只關注圖的一小部分，每個領域都包含無數相互關聯的事實。唯有考慮到相關事實，你才能真正理解一個領域。要徹底了解圖靈這個人，你必須研究他的信仰、他的哲學，以及他的博士班指導教授 Alonzo Church 的特點。要了解 Alonzo Church，你必須調查他與圖靈的關係。當然，圖中有太多相關的依賴關係和事實，不可能理解所有的一切。這些相互關係的複雜度為你的學習目標施加了最基本的界限。學習和複雜度就像一枚硬幣的正反面關係：複雜度是你已經學會的知識的邊界；想再學更多，你必須先知道如何控制複雜度。

討論到這裡有點抽象，所以讓我們舉個例子來說明！假設你要寫一個交易機器人的程式，這個機器人會根據一套複雜的規則買賣資產。在開始這個專案之前，你可以學習很多有用的知識：程式設計基礎、分散式系統、資料庫、應用程式開發介面（application programming interface, API）、網路服務、機器學習、資料科學和相關數學。你可能會去了解 Python、NumPy、scikit-learn、ccxt、TensorFlow 和 Flask 等實用工具，或是交易策略和股市哲學。許多人以這樣的心態來應對這些問題，因此永遠不會覺得準備好開始進行專案。問題就在於，你學得愈多，就會覺得懂得愈少。你永遠都無法充分掌握所有這些領域，來滿足你覺得準備好了的渴望。整個努力過程的複雜度壓得你喘不過氣來，逼得你想要放棄。複雜度即將荼毒下一位受害者：那就是你。

幸好，在本書的各個章節中，你將學習到對抗複雜度的技巧：專注（focus）、簡化（simplification）、縮小（scale down）、縮減（reduction）和簡約主義（minimalism）。本書將會教你掌握這些技能。

流程的複雜度

流程（process）是為實現明確結果而採取的一系列行動。流程的複雜度是透過其行動、參與者或不同分支的數量來計算的；一般來說，行動（和參與者）愈多，流程就愈複雜（見圖 1-7）。

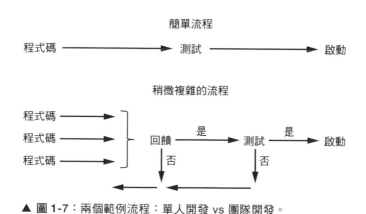

▲ 圖 1-7：兩個範例流程：單人開發 vs 團隊開發。

　　許多軟體公司根據不同的業務範疇採用不同的流程模型，以試圖簡化流程。以下為一些例子：

- 軟體開發可以使用敏捷開發或 scrum。

- 客戶關係開發可以使用客戶關係管理（customer relationship management, CRM）和銷售腳本（sales script）。

- 新產品和商業模式的建立可以使用商業模式圖（business model canvas）。

　　當組織累積了太多流程時，複雜度就會開始阻塞系統。例如，在 Uber 出現之前，從甲地到乙地的行程往往涉及了許多步驟：查詢計程車車隊的電話號碼、比較車資費率、準備不同的支付方式以及規劃不同的交通方式。對於許多人來說，Uber 簡化了從甲地到乙地的行程，將整個規劃過程整合到一個易於使用的行動應用程式中。與傳統的計程車行業相比，Uber 的徹底簡化功能使客戶旅行更加方便，並減少了計劃時間與成本。

　　在過於複雜的組織中，創新較難施力，因為它無法突破複雜度。隨著流程中的行動變得多餘，資源就會被浪費。為挽救陷於困境的業務，管理者投入精力建立新的流程和行動，而惡性循環便開始摧毀公司或組織。

　　複雜度是效率的敵人。這裡的解決方案是「簡約主義」（minimalism）：為了讓你的流程具有效率，你必須徹底移除不必要的步驟和行動。你不太可能會認為你的流程**過於簡化（oversimplified）**。

日常生活中的複雜度有如千刀萬剮

　　本書的目的是幫助你提高程式設計的效率。你的進步可能會被自己的個人日常習慣和例行事務打斷，因此必須解決日常干擾和不斷佔用你寶貴時間的事務。資訊科學教授 Cal Newport 在他的傑出著作《Deep Work: Rules for Focused Success in a Distracted World》（Grand Central

Publishing，2016 年）中談到了這一點，他認為，對於需要深入思考的工作——如程式設計、研究、醫學和寫作——需求不斷「增加」，而由於通訊設備和娛樂系統的普及，能夠完成這些工作的時間卻在「減少」。當需求增加碰上供應減少，經濟理論顯示價格將會上漲，因此你若有能力從事深度工作，你的經濟價值就會增加。對於可以從事深度工作的程式設計師來說，這是最好的時機。

現在，需要注意的是：如果你不堅決把深度工作列為優先考量，那麼很難真正專注於深度工作。外部世界充滿著不斷的干擾：你的同事突然走進你的辦公室、你的智慧型手機每二十分鐘就需要你查看、你的收件匣每天會蹦出幾十次新郵件通知——每件事都要求你抽出一部分時間去處理。

深度工作帶來延遲的滿足感；花費了好幾個星期在電腦程式上，然後發現它運作良好，這會令人感到很滿足。不過，大多數時候你「渴望」的是即時的滿足感，你的潛意識會常常設法逃避深度工作，小小的獎勵可以輕鬆促進大腦分泌腦內啡：查看你的簡訊、與人閒聊、瀏覽 Netflix。相較於即時滿足所帶來的愉悅、多彩、活力充沛的世界，延遲滿足的承諾會變得愈來愈沒有吸引力。

你保持專注和高效率的努力很容易受到干擾而死於千刀萬剮。是的，你可以關掉你的智慧型手機，靠你的意志力不去瀏覽社群媒體或打開最喜歡的節目，但是，你能夠日復一日地堅持下去嗎？這裡的答案也一樣：徹底應用簡約主義來解決問題的根源：「移除」社群媒體應用程式，而不是試圖管理使用量；「減少」你參與的專案和任務數量，而不是試圖花更多時間做更多工作；「深入研究」一種程式語言，而不是花大把時間在多種程式語言之間切換。

結論

到現在，你應該對克服複雜度的需求充滿了動力吧。為了進一步探索複雜度以及如何克服它，我推薦閱讀 Cal Newport 的《Deep Work》。

複雜度會損害生產力並降低注意力。如果你不及早控制複雜度，它很快就會消耗你最寶貴的資源：時間。到了人生的盡頭，你不會用回覆了多少電子郵件、玩了幾小時的電腦遊戲或解出多少數獨謎題來判斷你的人生是否過得有意義。透過學習如何處理複雜度，保持簡單，你將能夠打敗複雜度，並為自己取得強大的競爭優勢。

在第 2 章中，你將了解到八二法則的力量：專注於重要的少數，忽略瑣碎的多數。

2

八二法則

在本章中，你將了解「八二法則」（80/20 principle）對你身為程式設計師生活的深遠影響。它有很多說法，包括以它的發現者 Vilfredo Pareto 命名的「**帕雷托法則**」（Pareto principle）。那麼，這個原理是如何運作的？你為什麼要在意呢？八二法則是指：大多數（80%）的結果（effect）是來自於少數（20%）的原因（cause）。它向你展示了一條途徑，將精力集中在少數重要的事情上並忽略那些多數對進展沒幫助的事情，能夠讓你在專業 coder 這條路上獲得更多的成果。

八二法則的基礎

這個法則說到，大多數的結果都來自於少數的原因。舉例來說，大部分的收入是由少數人所賺取，大部分的創新來自於少數的研究人員，大部分的書籍是由少數作者所撰寫的，依此類推。

你可能聽說過八二法則——它在個人生產力文獻中無處不在。它之所以如此受歡迎的原因有兩個：首先，只要你能夠找出重要的事情，即導致 80% 結果的 20% 活動，並堅持不懈地專注於這些事情上，此法則就能讓你既輕鬆又具高生產力；其次，我們可以觀察到八二法則存在於各式各樣的情況下，使其具有相當大的可信度。我們甚至很難想出一個反例，其結果是由所有原因均等產出，不過可以試著找到一些分配佔各半（50/50）的例子，其中 50% 的結果來自於 50% 的原因！當然，分配比例並不一定永遠是 80/20 ——具體數字可以變成 70/30、90/10 甚至 95/5 ——但永遠是嚴重偏向「少數因素造成多數的結果」。

我們用「帕雷托分布」（Pareto distribution）來表示帕雷托法則，如圖 2-1 所示。

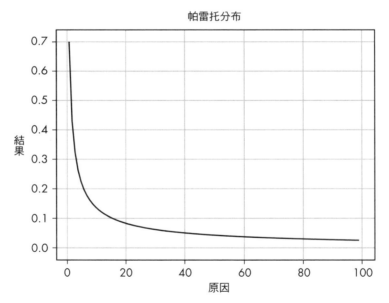

▲ 圖 2-1：一般的帕雷托分布範例。

帕雷托分布根據原因（x 軸）繪製結果（y 軸）。「結果」可以是任何衡量成功或失敗的指標，例如收入、生產力或軟體專案中的 bug 數量，而「原因」可以是與這些結果相關的任何實體，像是員工、企業或軟體專案。為了取得典型的帕雷托曲線，我們根據它們產生的結果對原

因進行排序；例如，收入最高的人首先出現在 x 軸上，然後是收入第二高的人，以此類推。

讓我們來看一個實際的例子。

應用軟體優化

圖 2-2 顯示了帕雷托法則在一個虛構軟體專案中的應用：少數程式碼負責大部分的執行時間。x 軸顯示按執行時間出現的程式碼函數，y 軸則顯示這些程式碼函數的執行時間。繪製線下方主導著整體區域的「陰影區」顯示，大多數程式碼函數對整體執行時間的貢獻遠低於少數選定的程式碼函數。Joseph Juran 是其中一位早期發現帕雷托法則的人，他稱後者為「重要的少數」（vital few），前者為「微不足道的多數」（trivial many）。花大量時間去優化不重要的多數程式碼，並不會真正改善整體執行時間。在軟體專案中，帕雷托分布的存在得到了科學證據的充分支持，例如 Louridas、Spinellis 和 Vlachos 所撰寫的《Power Laws in Software》。

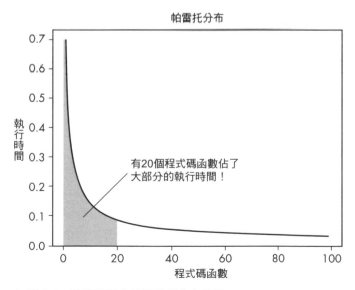

▲ 圖 2-2：軟體工程中的帕雷托分布範例。

　　IBM、Microsoft 和 Apple 等大公司採用帕雷托法則來建置更快、對使用者更友善的電腦，方法是將他們的注意力集中在少數幾個關鍵部分上，也就是說，重複優化一般使用者最常執行的 20% 程式碼。並非所有程式碼都是平等的，少數程式碼對使用者體驗有重要影響，而大部分程式碼影響不大。你可能每天會點兩下 File Explorer 圖示好幾次，但很少會更改檔案的存取權限，八二法則可以告訴你優化工作的重點！

　　這個法則很容易理解，但很難知道該如何在自己的生活中善加應用。

生產力

　　藉由專注於重要的少數而非微不足道的多數，你可以將生產力提高十倍、甚至是百倍。不相信我嗎？假設基本分布為 80/20，讓我們計算一下這些數字的由來。

　　我們將使用保守的 80/20 參數（80% 的結果來自於 20% 的人），然後計算每個群組的生產力。在某些領域（如程式設計），分布可能更加偏斜（skewed）。

　　圖 2-3 顯示，在一家有十名員工的公司中，兩名員工產生了 80% 的結果，而另外八名員工產生了 20% 的結果。我們將 80% 除以兩名員工，公司每名表現最好的員工平均產出為 40%。接著將產生的 20% 結果除以八名員工，則每名表現最差的員工平均只有 2.5% 的產出。效率相差 16 倍！

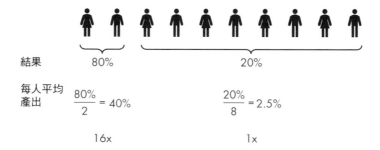

▲ 圖 2-3：表現最好的 20% 員工平均產出是底層 80% 員工平均產出的 16 倍。

平均績效 16 倍的差異是全球數百萬組織的一項事實。帕雷托分布也是「碎形」（fractal）結構，這代表頂尖 20% 的前 20% 產生了 80% 結果中的 80%；在擁有數千名員工的大型組織中，這種績效差異將更為顯著。

結果的差異不能僅用智力來解釋——一個人的智力不可能是另一個人的 1,000 倍。反之，這個結果的差異是來自於個人或組織的特定行為。如果你做同樣的事情，你可以得到同樣的結果。然而，在你改變你的行為之前，必須清楚知道你想要達到什麼樣的結果，因為研究顯示，在任何你能想像到的指標中，都存在著極端的不平等現象。

收入	10% 的人賺取了美國總收入的近 50%。
幸福度	在北美，不到 25% 的人將他們的幸福度評為 9 或 10 分（評分從 0 到 10，「最糟的生活」為 0，「最好的生活」為 10）。
每月活躍使用者	前十個為所有群眾開設的網站中只有兩個取得了 48% 的累積流量，如表 2-1 所示（資訊來源 https://www.ahrefs.com/）。
書籍銷售量	只有 20% 的作者可能取得高達 97% 的銷售量。
科學生產力	例如，38% 的已發表文章是由 5.2% 的科學家所主責的。

本章最後的參考資料鏈接到一些文章來支持這些數據。結果的不平等是社會科學中公認的現象，通常用一種稱為**基尼係數**（Gini coefficient）的指標來衡量。

表 2-1 美國前十大流量最高網站的累積流量

#	Domain	Monthly traffic	Cumulative
1	en.wikipedia.org	1,134,008,294	26%
2	youtube.com	935,537,251	48%
3	amazon.com	585,497,848	62%
4	facebook.com	467,339,001	72%
5	twitter.com	285,460,434	79%
6	fandom.com	228,808,284	84%

#	Domain	Monthly traffic	Cumulative
7	pinterest.com	203,270,264	89%
8	imdb.com	168,810,268	93%
9	reddit.com	166,277,100	97%
10	yelp.com	139,979,616	100%
		4,314,988,360	

　　那麼如何才能晉升到表現最好的族群中呢？或者，更籠統地說：如何在組織中的帕雷托分布曲線上「向左移動」呢（見圖 2-4）？

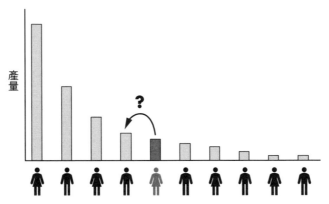

▲ 圖 2-4：要創造更多產量，你需要移動到曲線的左側。

成功指標

假設你想改善收入。你該如何在帕雷托曲線上向左移動？先把確切的科學領域拋在腦後，因為你需要找出某些人在你的特定行業中獲致成功的原因，並制定可行的成功指標，以便你可以控制和實作。我們把「成功指標」（success metrics）定義為衡量在你的領域中導致更多成功的行為評量標準。但棘手的是，最關鍵的成功指標在大多數領域都是不同的。八二法則也適用於成功指標：一些成功指標對你在某個領域的表現有很大影響，而在其他領域則幾乎沒有任何影響。

　　舉例來說，在擔任博士研究員時，我很快意識到成功指的就是要被其他研究人員引用。身為研究人員，你擁有的引用數量愈多，就會擁有愈大的信譽、知名度和機會。但是，「增加引用次數」幾乎不是你可以每天優化的可行成功指標。引用次數是一種**「落後指標」**（lagging indicator），因為它是根據你過去所採取的行動，而落後指標的問題在於它們只記錄過去行動的結果，並沒有告訴你每天為成功而採取的正確行動。

　　為了取得採取正確行動的衡量標準，遂引入了**「領先指標」**（leading indicator）的概念。領先指標是在落後指標發生之前預測其變化的指標，如果你做了更多的領先指標，落後指標可能會因此得到改善。那麼，身為一名研究人員，你將透過發表更多高品質的研究論文（領先指標）獲得更多的引用次數（落後指標）。這表示大部分科學家最重要的活動是撰寫高品質的論文，而不是準備演講、行政、教學或喝咖啡等次要活動。因此，研究人員的成功指標是產生最大數量的高品質論文，如圖 2-5 所示。

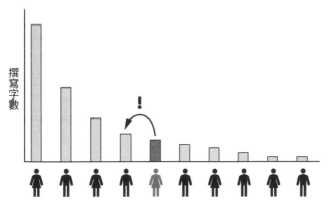

▲ 圖 2-5：研究中的成功指標：寫出高品質論文的字數。

　　要在研究中向左推，你今天必須寫更多字、更快發表你的下一篇高品質論文、更快獲得更多引用數量、擴大你的科學足跡，並成為一名更成功的科學家。概略而言，許多不同的成功指標可以作為「在科學上

取得成功」的代表。例如，當按照從「落後」到「領先」的衡量標準對它們進行排序時，你可能會得到「引用次數」、「撰寫高品質論文的數量」、「你一生中所寫的總字數」以及「今天所寫的字數」。

八二法則讓你辨識出你必須專注的活動。多做一點成功指標，最好是具體可行的領先措施，將能增加你在職場上的成功，這才是最重要的。在所有其他任務上花較少時間，不要死於千刀萬剮。必須對所有活動都意興闌珊，除了這一項：「每天寫更多的字」。

假設你每天工作八小時，並把一天分為八個一小時的活動。完成了成功指標練習後你會意識到，你可以不要那麼完美主義，每天跳過兩個一小時的活動，並用一半的時間完成其他四個活動。你每天節省了四個小時，但仍然完成了 80% 的結果。現在，你可以每天投入兩個小時來寫更多高品質論文。幾個月內，你將提交一篇額外的論文，而且隨著時間過去，你提交的論文將比你的同事多。你每天只工作六個小時，而且大部分工作任務的品質都不完美，但你會在重要的場合大放異彩：你提交了比你領域中的任何人都還要多的研究論文，因此很快就會成為前 20% 的研究者。你用更少的資源產出了更多的成果。

你不會變成「樣樣都會，樣樣不專精」的半調子（Jack of all trades, master of none），而會在最重要的領域取得專業技能。你專注於重要的少數，而忽略了微不足道的多數；你會過著沒那麼有壓力的生活，但卻能從投入的勞動、努力、時間和金錢中享受到更多的成果。

專注和帕雷托分布

我想討論的另一個密切相關的話題是「專注」（focus）。我們將在本書的許多地方討論專注——例如，第 9 章詳細討論了專注的力量——但八二法則解釋了「為什麼」專注如此強大。讓我們深入討論！

思考圖 2-6 中的帕雷托分布，它顯示了向分布頂部移動的百分比改進。Alice 是組織中生產力第五高的人，如果她能超越組織中的一個人，

進而成為第四個最有生產力的人，她的產出（薪水）就會增加 10%。若再更進一步，她的產出會「額外」增加 20%。在帕雷托分布中，每個等級的增長呈指數性增長，因此即使生產力的小幅增長也可能導致收入大幅增加。提高你的生產力會導致你的收入、幸福感和工作樂趣呈超線性成長；有人稱這種現象為「贏者全拿」（the winner takes all）。

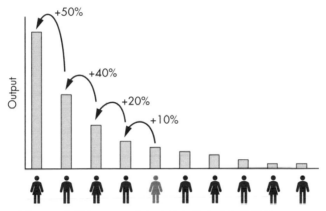

▲ 圖 2-6：在帕雷托分布中提高排名的不成比例好處。

　　這就是為什麼分散你的注意力是不值得的：「如果你不專注，你就會受多個帕雷托分布所支配」。思考圖 2-7：Alice 和 Bob 每天可以各自投入三個單位時間學習。Alice 專注於一件事：程式設計。她花了三個單位努力學習撰寫程式。Bob 將他的注意力分散到多個學科：花一個單位磨練他的西洋棋技能，一個單位提高他的程式設計技能，一個單位改善他的政治技能。他在這三個領域中都達到了平均水準及成果，但是帕雷托分布不成比例地獎勵表現最好的人，所以 Alice 獲得了更多的總產出報酬。

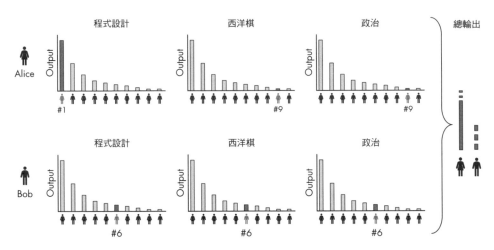

▲ 圖 2-7：非線性排名結果—對專注力的策略解釋。

　　不成比例的報酬也存在於每一個領域中。例如，Bob 可能會花時間閱讀三本通用書籍（姑且稱為《Python 簡介》、《C++ 簡介》和《Java 簡介》），而 Alice 則閱讀三本深入研究 Python 機器學習的書籍（暫且稱為《Python 簡介》、《Python 機器學習簡介》和《專業人士的機器學習》）。因此，Alice 將專注於成為一名機器學習專家，並可以為她的專業技能要求更高的薪水。

對 coder 的影響

在程式設計中，結果往往比大多數其他領域更偏向頂端，其分布通常看起來更像 90/10 或 95/5，而不是 80/20。比爾蓋茲說過：「一位優秀的車床作業員薪水是普通車床作業員的好幾倍，而一位優秀的軟體程式撰寫人員的價值是一般軟體程式撰寫人員的 10,000 倍。」比爾蓋茲認為，優秀的軟體寫手和一般的軟體寫手之間的差距不是 16 倍，而是 10,000 倍！以下是軟體世界容易出現這種極端帕雷托分布的幾個原因：

- 優秀的程式設計師可以解決一些普通程式設計師根本無法解決的問題。在某些情況下，這使得他們的生產力提升了無數倍。

- 優秀的程式設計師可以寫出的程式碼比普通程式設計師快了 10,000 倍。

- 優秀的程式設計師編寫的程式碼 bug 更少。想想一個安全漏洞對 Microsoft 聲譽和品牌的影響！此外，每出現一個額外的 bug 都需花費時間、精力和金錢來進行 codebase 的後續修改和新增功能 —— bug 的負面累積效應。

- 優秀的程式設計師編寫的程式碼更易於擴展，可能會提高軟體開發過程後期數千名開發人員在處理程式碼時的生產力。

- 優秀的程式設計師會跳出框架思考，並且找到創造性的解決方案來規避昂貴的開發工作，並能專注於最重要的事情上。

在實務中，這些因素的組合會產生作用，因此差異可能更大。

所以，對你來說，關鍵問題可能是這樣的：你該如何成為一名優秀的程式設計師？

程式設計師的成功指標

不幸的是，「成為一名優秀的程式設計師」這句話並不是你可以直接優化的成功指標——這個問題涉及到很多層面。一名優秀的程式設計師能夠快速理解程式碼、了解演算法和資料結構、知道不同的技術及其優缺點、可以與他人合作、善於溝通且富創造力、受過良好教育並且知道如何組織軟體開發過程，同時擁有數百個軟實力與硬實力。但你不可能在這些方面都是專家！如果你不專注於少數重要的幾件事，就會被那些瑣事給淹沒。要成為一名優秀的程式設計師，你必須專注於最重要的幾件事上。

需要專注的幾個重點之一，就是編寫更多的程式碼。你寫的行數愈多，就會成為更好的程式設計師。這是多維問題的簡化方法：藉由優化代理指標（寫更多程式碼行數），你就可以增加在目標指標上成功的機率（成為優秀的軟體程式寫手）。請參見圖 2-8。

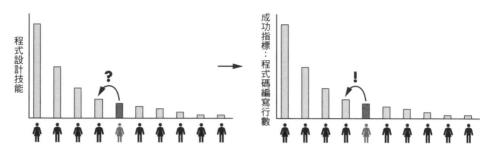

▲ 圖 2-8：程式設計的成功指標：編寫的程式碼行數。

　　當你寫更多的程式碼，你會更容易理解程式碼，而且言行舉止會跟程式設計高手一樣，同時吸引更好的 coder 加入你的網路，並找到更具挑戰性的程式設計任務，然後繼續寫更多程式碼、功力變得更強，而你的每行程式碼會賺取愈來愈高的報酬。你或你的公司可以把許多瑣碎的工作外包出去。

　　這是你每天都可以遵循的 80/20 活動：追蹤你每天撰寫的程式碼行數並對其進行優化。讓它成為一種遊戲，而且每天都至少要寫到一定的基本行數（平均行數以上）。

現實世界中的帕雷托分布

我們將快速瀏覽一些應用帕雷托分布的實際範例。

❏ GitHub 儲存庫 TensorFlow 貢獻

我們可以在 GitHub 儲存庫的貢獻中看到帕雷托分布的一個極端例子。讓我們考慮一個廣受歡迎的 Python 機器學習計算儲存庫：**TensorFlow**。圖 2-9 顯示了該 GitHub 儲存庫的前七個貢獻者，表 2-2 則對相同的資料以數值來表示。

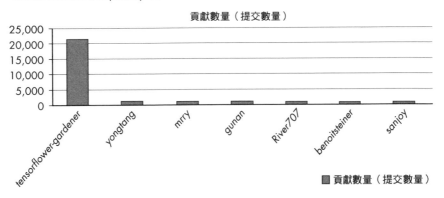

GitHub TensorFlow Repository Commits

▲ 圖 2-9：GitHub TensorFlow 儲存庫提交分布。

表 2-2　TensorFlow 提交數量及其貢獻者

貢獻者	提交數
tensorflower-gardener	21,426
yongtang	1,251
mrry	1,120
gunan	1,091
River707	868
benoitsteiner	838
sanjoy	795

　　對於該儲存庫 93,000 次的提交，使用者「tensorflow-gardener」的貢獻超過了 20%；考慮到有成千上萬的貢獻者，該分布比 80/20 分布更加極端。原因是，貢獻者「tensorflower-gardener」乃是由建立和維護此儲存庫的 Google 程式設計團隊所組成。但是，就算跳過這個團隊好了，剩下的頂尖個人貢獻者也都是非常成功的程式設計師，留下令人印象深刻的記錄。你可以在公開的 GitHub 頁面上查看他們的相關資訊。在這些人當中，很多已經在熱門企業找到了令人興奮的工作機會。他們在產出大量程式碼提交到此開源儲存庫「之前」還是「之後」獲得成功，只是純粹

理論上的討論而已。但從實際的角度出發，你應該開始建立你的成功習慣：每天寫更多程式碼行數。沒有什麼事能阻止你成為 TensorFlow 儲存庫的第二名貢獻者——在接下來的兩到三年內，每天提交有價值的程式碼到 TensorFlow 儲存庫兩到三次。如果你堅持下去，你可以入列地球上最成功的程式設計師，只要選擇一個強大的習慣並堅持個幾年！

❑ 程式設計師身價

果然，程式設計師的身價也是呈帕雷托分布的。基於隱私理由，很難取得有關個人淨資產的資料，但網站 https://www.networthshare.com/ 確實顯示了包括程式設計師在內、各種職業的自我回報淨資產。資料有點雜亂，但它顯示了現實世界帕雷托分布的特殊偏度（圖 2-10）。

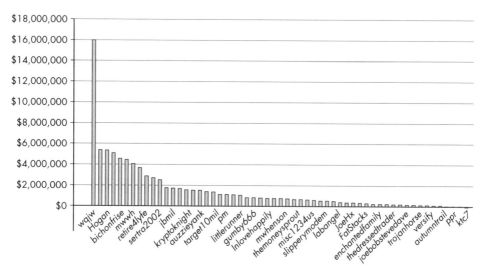

▲ 圖 2-10：60 位程式設計師自我回報的淨資產。

在我們 29 個資料點的小樣本中，有不少軟體百萬富翁！但這條曲線在現實世界中偏度可能更大，因為還有許多億萬富翁程式設計師——馬克祖克柏（Mark Zuckerberg）、比爾蓋茨、伊隆馬斯克（Elon Musk）和史蒂夫沃茲尼克（Steve Wozniak）浮現在腦海。這些科技怪才，每一位

都自己建立了他們的服務原型，並編寫原始碼。最近，我們在區塊鏈領域看到了更多這樣的軟體億萬富翁。

❏ 自由小專案

自由工作者發展領域由兩個市場主導：Upwork 和 Fiverr。自由工作者可以提供服務、客戶可以僱用自由工作者。兩個平台在使用者和收入方面都以每年兩位數的速度成長，而且兩個平台都致力於改變世界人才的組織運作模式。

自由開發者的平均收入為每小時 51 美元。但這只是平均水準──前 10% 自由開發者的時薪要高得多。在或多或少開放的市場中，收入類似於帕雷托分布。

根據我自己的經驗，我從三個角度觀察到了這種偏斜的收入分布：(1) 作為自由工作者，(2) 作為僱用數百名自由工作者的客戶，以及 (3) 作為提供 Python 自由工作教育的課程建立者。大部分學生無法達到平均收入潛力，因為他們都撐不到一個月；而那些每天從事自由工作堅持了幾個月的人，通常會達到平均每小時 51 美元的收入目標；少數雄心勃勃又賣力的學生則獲得每小時 100 美元的收入，甚至更多。

但為什麼有些學生失敗、而有些學生卻茁壯成長？讓我們來繪製自由開發者在 Fiverr 平台上完成的成功小專案數量，平均評分至少為 4 分（滿分 5 分）。我在圖 2-11 中關注了機器學習的熱門領域。我從 Fiverr 網站收集資料，並在機器學習小專案類別的兩個熱門搜尋結果中，追蹤了 71 位自由工作者所完成的小專案數量。結果對我們來說一點都不意外，其分布類似於帕雷托分布。

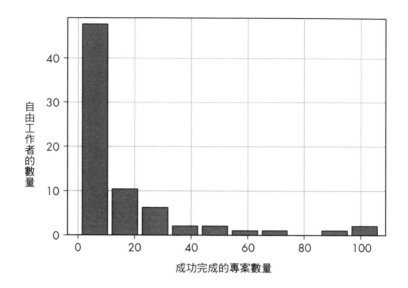

▲ 圖 2-11：Fiverr 自由工作者的直方圖和他們完成的小專案數量。

　　我身為數千名自由工作學生的老師，從我的本身經驗來看，我很驚訝發現絕大多數學生完成的小專案不超過十件。我很肯定這些學生日後大部分會宣稱「自由工作是行不通的」。對我來說，這句話是一種矛盾的說法，就像「工作起不了作用」或「業務起不了作用」一樣。擔任自由工作者的這些學生之所以失敗，是因為他們不夠努力、努力的時間不夠長。他們以為賺錢很輕鬆，而當意識到必須堅持不懈地努力才能加入自由工作者的勝利隊伍時，他們很快就放棄了。

　　這種對自由工作缺乏持之以恆的毅力，實際上為你提供了一個在帕雷托分布往上爬的絕佳機會。幾乎可以確保你最終躋身前 1-3% 自由工作者行列的簡單成功指標是：**完成更多小專案**。在這場遊戲中待久一點，任何人都可以做到的。你正在閱讀這本書的事實表明，你具有成為頂尖 1-3% 自由程式撰寫專家的承諾、抱負和動力。多數玩家都缺乏專注力，即使他們技術嫻熟、智力過人且人脈廣闊，也沒有機會與一位專注、全心全意、深黯帕雷托法則的程式設計師競爭。

帕雷托是碎形結構

帕雷托分布是碎形結構。如果你放大它，只觀察整個分布的一部分，會發現還有另一個帕雷托分布！只要資料不是太稀疏，它就會呈現這種分布；若是資料太稀疏，就會失去碎形特性。例如，單一資料點不能夠視為帕雷托分布。讓我們看看圖 2-12 中的這個屬性。

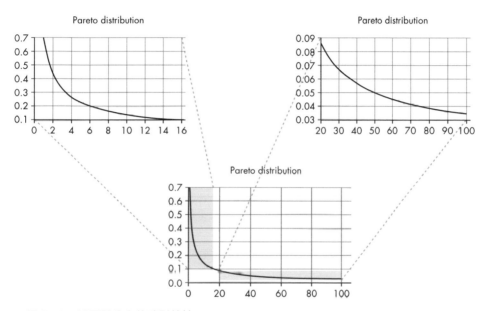

▲ **圖 2-12**：帕雷托分布的碎形特性。

圖 2-12 的中心是圖 2-1 中的帕雷托分布。我使用清單 2-1 中的簡單 Python 腳本來放大這個帕雷托分布：

```python
import numpy as np
import matplotlib.pyplot as plt

alpha = 0.7

x = np.arange(100)
y = alpha * x / x**(alpha+1)

plt.plot(x, y)
```

```
plt.grid()
plt.title('Pareto Distribution')
plt.show()
```

清單 2-1：放大帕雷托分布的交互式腳本

　　你可以自己玩玩程式碼；只需將它複製到你的 Python shell 中並執行程式碼即可。如果你在 Python shell 中執行此操作，將能夠放大帕雷托分布的不同區域。

　　帕雷托分布在生活和程式設計中有各種實際應用，我將在本書中討論到其中一些，但根據我的經驗，對你最具變革性的應用將是成為一名「80/20 思想家」；也就是說，你不斷嘗試找出事半功倍的方法。請注意，雖然具體的帕雷托數字（80/20、70/30 或 90/10）在你自己的生活中可能會有所不同，但你可以從生產力和產出分布的碎形特性中獲得一些價值。例如，不僅少數程式設計師的收入比其他人高得多，而且這些高收入者之中的少數人收入也比其他高收入者的收入多，這是不爭的事實。唯有當資料太稀疏時，這個模式才會停止。這裡有一些例子：

　　收入　前 20% 程式設計師中的 20% 將獲取 80% 收入的 80%；換句話說，4% 的程式設計師將賺取 64% 的收入！這表示即使你已經在前 20% 程式設計師之列，你目前的財務狀況也不會永遠固定（這篇論文只是展示收入分布碎形特性的眾多論文之一：http://journalarticle.ukm.my/12411/1/29%20Fatimah%20Abdul%20Razak.pdf）。

　　活動　你在本週完成的活動中，最有影響力的 20% 中的 20%，通常負責 80% 結果中的 80%。在這種情況下，0.8% 的活動將導致 51% 的結果。粗略地說，如果你每週工作 40 小時，那麼其中 20 分鐘可能造就了你本週工作一半的成果！此類 20 分鐘活動的一個範例是編寫一個腳本，該腳本自動執行一項業務任務，每隔幾週為你節省幾個小時，你就可以把多出來的時間投資在其他活動。如果你是一名程式設計師，實作時決定跳過不必要的功能可以為你節省數十個小

時不必要的工作。如果你開始應用八二思維，很快就會在自己的工作中發現許多這樣的槓桿活動。

進步　無論你在任何帕雷托分布上處於什麼位置，都可以利用你的成功習慣和專注力「向左移動」讓輸出呈指數性增長。只要尚未達到最佳狀態，總有進步的空間，以更少的資源獲得更多的成果——即便你已經是一個高度開發的個人、公司或經濟體。

可以讓你沿著帕雷托曲線往上爬的活動未必總是顯而易見，但它們絕非隨機存在。許多人放棄在他們的領域尋找成功指標，因為他們認為結果的機率使得它完全是隨機的。這是多麼錯誤的結論！要成為一名大師級的程式設計師，每天寫少少的程式碼不會讓你達成目標，就像每天貧於練習棋藝也不能讓你成為一名職業西洋棋士一樣。其他因素也會發揮作用，但這不代表成功是一場機率遊戲。透過專注於你所在行業的成功指標，你將能夠操縱對你有利的機率。作為一個八二法則思想家，你就是莊家——而且莊家「多半」是贏家。

八二法則練習技巧

讓我們利用帕雷托法則的九個技巧來結束本章。

☐　**找出你的成功指標。**

首先定義你的行業。確定你所在行業中最成功的專業人士在哪些方面做得非常出色，以及你每天可以完成哪些任務以便更接近前20%。如果你是程式設計師，你的成功指標可能是編寫的程式碼行數；如果你是作家，你的成功指標可能是寫下一本書的字數。建立一個電子表格，每天追蹤你的成功指標，讓它成為一個遊戲，堅持下去並超越自己。設定一個最低門檻，每天都要達到最低門檻才能結束那一天。更好的做法是，在你達成最低門檻之前不要開始新的一天！

❏ **找出你人生的重大目標。**

記下來。如果沒有明確定義的重大目標（想一想十年目標），你就不會堅持做一件事夠久。你已經看到了，在帕雷托曲線往上爬的關鍵策略是，在遊戲中待得夠久，但要參與更少的遊戲。

❏ **尋找以更少資源達成相同目標的方法。**

你要怎麼在 20% 的時間內完成 80% 的成果？你能去掉那些耗費 80% 時間但只產生 20% 結果的剩餘活動嗎？如果不能，你可以外包這些工作出去嗎？Fiverr 和 Upwork 是找人才的廉價方法，利用他人的技能是值得的。

❏ **反思自己的成功。**

你做了什麼導致了很好的結果？你該如何多做這類事情呢？

❏ **反思自己的失敗。**

你該如何少做導致失敗的事情呢？

❏ **讀更多你所在產業的書籍。**

閱讀更多書籍，可以模擬實際體驗，不需要投入大量時間和精力去親自體驗。你從別人的錯誤中學習，學習新的做事方式，在你的領域獲得更多的技能。受過高等教育的專業 coder 解決問題的速度比初學者快十到一百倍。閱讀你所在領域的書籍可能是此領域的成功指標之一，它將會使你獲得成功。

❏ **把大多數時間用在改進和調整現有產品。**

請這樣做，而不是發明新產品。同樣的，這來自於帕雷托分布。如果你的業務中有一個產品，你可以投入所有精力將此產品推向帕雷托曲線上方，進而為你和你的公司帶來指數級成長的結果。但是，如果你一直在創造新產品而不改進和優化舊產品，那麼你將永遠擁

有低於平均水準的產品。永遠不要忘記：巨大的成果位於帕雷托分布的左側。

❑ **微笑。**

驚人的是，有一些結果是如此的簡單。如果你是一個積極正面的人，很多事情都會變得更容易：有更多人會與你合作，你會接觸到更多積極、快樂和支持。微笑是一種高槓桿活動，影響巨大，但成本卻很低。

❑ **不要做降低價值的事情。**

例如吸菸、飲食不健康、睡眠不足、飲酒和看太多 Netflix。避開拖累你的事情是你最大的槓桿點之一。如果你略過那些損害自己的事情，就會變得更健康、更快樂、更成功，你將有更多時間和金錢來享受生活中的美好事物：人際關係、大自然和積極的經歷。

在下一章中，你將學到一個關鍵概念，它可以幫助你專注於軟體的少數重要功能：你將學會如何建置「最小可行產品」。

參考資料

讓我們看一下本章中使用的參考資料——歡迎進一步探索它們以找到帕雷托法則的更多應用！

Panagiotis Louridas, Diomidis Spinellis, and Vasileios Vlachos, "Power Laws in Software," ACM Transactions on Software Engineering and Methodology 18, no. 1 (September 2008), https://doi.org/10.1145/1391984.1391986/.

對開源專案的貢獻是帕雷托分布的科學證據：

Mathieu Goeminne and Tom Mens, "Evidence for the Pareto Principle in Open Source Software Activity," Conference: CSMR 2011 Workshop on Software Quality and Maintainability (SQM), January 2011, https://

www.researchgate.net/publication/228728263_Evidence_for_the_Pareto_principle_in_Open_Source_Software_Activity/.

GitHub 儲存庫 TensorFlow 中提交分布的資料來源：

https://github.com/tensorflow/tensorflow/graphs/contributors/.

我所撰寫關於自由開發者收入分布的部落格文章：

Christian Mayer, "What's the Hourly Rate of a Python Freelancer?" Finxter (blog), https://blog.finxter.com/whats-the-hourly-rate-of-a-python-freelancer/.

開放市場遵循帕雷托法則的科學證據：

William J. Reed, "The Pareto Law of Incomes—an Explanation and an Extension," Physica A: Statistical Mechanics and its Applications 319 (March 2003), https://doi.org/10.1016/S0378-4371(02)01507-8/.

一篇展示收入分布碎形特性的論文：

Fatimah Abdul Razak and Faridatulazna Ahmad Shahabuddin, "Malaysian Household Income Distribution: A Fractal Point of View," Sains Malaysianna 47, no. 9 (2018), http://dx.doi.org/10.17576/jsm-2018-4709-29/.

有關如何使用 Python 為自由開發者增加收入的資訊：

Christian Mayer, "How to Build Your High-Income Skill Python." Video, https://blog.finxter.com/webinar-freelancer/.

Python Freelancer resource page, Finxter (blog), https://blog.finxter.com/python-freelancing/.

深入了解八二法則思維的力量：

Richard Koch, The 80/20 Principle: The Secret to Achieving More with Less, London: Nicholas Brealey, 1997.

在美國，百分之十的人賺取了近 50% 的收入：

Facundo Alvaredo, Lucas Chancel, Thomas Piketty, Emmanuel Saez, and Gabriel Zucman, World Inequality Report 2018, World Inequality Lab, https://wir2018.wid.world/files/download/wir2018-summary-english.pdf.

北美不到 25% 的人將他們的幸福評為 9 或 10（分數介於 0-10，其中「可能最糟的生活」是 0，「可能最好的生活」是 10）：

John Helliwell, Richard Layard, and Jeffrey Sachs, eds., World Happiness Report 2016, Update (Vol. 1). New York: Sustainable Development Solutions Network, https://worldhappiness.report/ed/2016/.

20% 的書籍作者可以達到 97% 的書籍銷量：

Xindi Wang, Burcu Yucesoy, Onur Varol, Tina Eliassi-Rad, and Albert-László Barabási, "Success in Books: Predicting Book Sales Before Publication," EPJ Data Sci. 8, no. 31 (October 2019), https://doi.org/10.1140/epjds/s13688-019-0208-6.

Jordi Prats, "Harry Potter and Pareto's Fat Tail," Significance (August 10, 2011), https://www.significancemagazine.com/14-the-statistics-dictionary/105-harry-potter-and-pareto-s-fat-tail/.

5.2% 的科學家產出佔期刊文章的 38%：

Javier Ruiz-Castillo and Rodrigo Costas, "Individual and Field Citation Distributions in 29 Broad Scientific Fields," Journal of Informetrics 12, no.3 (August 2018), https://doi.org/10.1016/j.joi.2018.07.002/.

3

建置最小可行產品

本章介紹了充斥在 Eric Ries 著作《The Lean Startup》（Crown Business，2011 年）中一個眾所皆知但仍被低估的想法。我們的想法是建置一個**最小可行產品（mInImum viable product, MVP）**，這是一個去除掉所有功能僅保留最必要功能（feature）的產品版本，以便快速測試和驗證你的假設，不會浪費大量時間來實作使用者最終可能不會使用到的功能。特別是，你將學習到如何專注在使用者想要的功能，從根本上降低軟體開發週期的複雜度，因為他們已經從你的 MVP 中確認了這一點。

在本章中，我們將透過研究「不使用 MVP 來開發軟體」的陷阱來介紹 MVP，然後更詳細地闡述這個概念，並為你提供關於如何在自己的專案中使用 MVP 加速進度的實用技巧。

問題場景

建置 MVP 背後的想法是解決在「隱身模式」（stealth mode）下進行程式設計時出現的問題（見圖 3-1）。**隱身模式**是指，在不尋求潛在使用者任何回饋的情況下完成專案。假設你想出了一個可以改變世界的絕妙程式：一個機器學習增強的搜尋引擎，專門用於搜尋程式碼；你開始連續好幾晚熱切地把想法編寫成程式碼。

程式設計的隱身模式

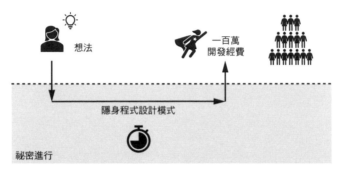

▲ 圖 3-1：隱身程式設計模式包括對應用程式保密，直到最終完善的版本可以發布、立即獲取成功。在大多數情況下，這是一個謬誤。

然而，在實務上，一次性編寫應用程式而導致立即成功的案例非常、非常、非常罕見。以下是遵循隱身程式設計模式更可能的結果：

你快速地開發原型，但是當你嘗試使用搜尋引擎時，你會發現推薦結果中的許多搜尋詞不相關。當你搜尋 Quicksort 時，會得到一個帶有註解「# 這不是 Quicksort」的 MergeSort 程式碼片段；這不太對。因此，你不斷調整模型，但每次改進一個關鍵字的結果時，都會為其他搜尋結果帶來新問題。你永遠不會對結果感到滿意，而且不覺得可以向全世界展示你糟糕的程式碼搜尋引擎，原因有三：沒有人會覺得它有用；第一批使用者會對你的網站造成負面宣傳效果，因為它既不專業也不精緻；而且你擔心競爭對手如果看到你執行不力的概念，會竊取這個想法並以更好的方法實作。這些令人沮喪的想法使你失去信心和動力，你在應用程式上的進度瞬間下降到零。

圖 3-2 描述了在隱身程式設計模式中可能以及一定會出錯的地方。

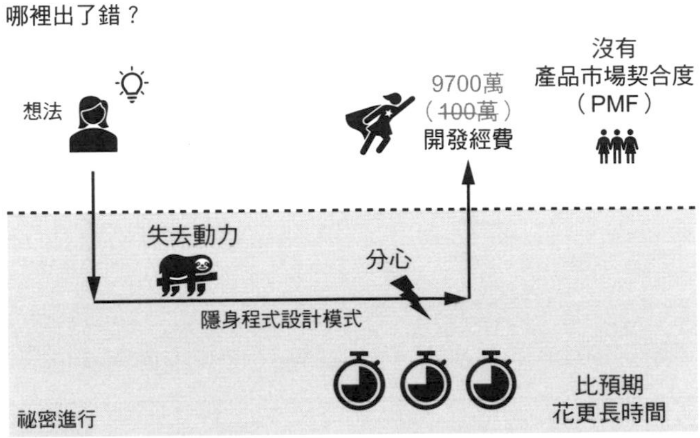

哪裡出了錯？

▲ 圖 3-2：隱身程式設計模式中的常見陷阱。

在這裡，我將討論在隱身模式下工作最常見的六個陷阱。

失去動力

在隱身模式下，你帶著想法一個人孤身奮戰，自我懷疑會經常出現。起初你會抗拒，因為初期對專案的熱情夠大，但隨著你在專案上工作的時間愈長，你的懷疑也會跟著滋生壯大。也許你已經遇到一個類似的工具，又或者你開始相信這是不可能完成的。失去動力會徹底毀掉你的專案。

另一方面，如果你發布了該工具的早期版本，早期採用者的鼓勵話語讓你有足夠的動力堅持下去，而使用者的回饋可能會激勵你改進此工具或克服問題；你有了外部動機。

分心

當你在隱身模式下獨自工作時，日常的干擾是難以忽視的。你白天工作，晚上與家人和朋友共處，因而腦海中湧現了其他想法，這些都會讓你分心。今時今日，注意力是許多設備和服務競相爭取的稀有珍貴資

源。處於隱身模式的時間愈長，在你完成精美應用程式之前分心的可能性就愈大。

透過縮短從想法到市場回應的時間，MVP 可以解決這個問題，創造一個更即時回饋的環境，幫助你重新集中注意力。誰知道呢——或許你會發現有些 MVP 早期熱心的使用者可以協助推動應用程式的開發。

超時執行

完成專案的另一個勁敵是錯誤規劃。打個比方，你估計你的產品需要 60 個小時才能完成，因此你最初規劃在一個月內每天工作兩小時，但是，失去動力和分心會導致你每天平均只工作了一小時。而你必須進行的研究、外部的干擾以及必須解決的意外事件和錯誤，都會造成進一步的延宕。有無窮的因素會增加預期的專案工期，但很少因素能夠減少它。到了第一個月底，你距離原本預期的進度還很遠，進一步加深了失去動力的循環。

MVP 移除掉所有不必要的功能，因此，你的規劃錯誤會更少，進度將更可預測。功能更少表示出錯的事情也會更少。此外，專案愈是可預測，你或投資你專案的人就會對它更有信心。投資者和利害關係人都喜歡可預測性！

缺乏回應

假設你克服了動力不足並完成了產品。你終於把它發布上線了，但什麼也沒有發生，只有少數使用者查看過，但對它並不感興趣。任何軟體專案最有可能的結果就是沉默——沒有正面或負面的回饋。一個常見原因是，你的產品沒有提供使用者所需的特定價值。在第一次的嘗試中，幾乎不可能找到所謂的**產品市場契合度（product-market fit）**。如果你在開發過程中沒有從現實世界中得到任何回饋，你會開始偏離現實，開發沒人會使用的功能。

而 MVP 將幫助你更快找到適合市場的產品,因為,正如你將在本章後面看到的那樣,根據 MVP 方法開發的專案直接解決最緊迫的客戶需求,進而增加客戶參與的機會,並因此回應早期產品版本。

錯誤的假設

隱身模式失敗的主要原因是你自己的假設。你用一堆假設開始一個專案,例如使用者會是誰、他們以什麼為生、他們面臨什麼問題,或者他們使用產品的頻率。這些假設通常是錯誤的,如果沒有外部測試,你會繼續盲目建立實際受眾不想要的產品。一旦你沒有得到回饋或得到負面回饋,它就會腐蝕你的動力。

當我透過解決分級程式碼難題為學習 Python 建立 Finxter.com 應用程式時,我假設大多數使用者會是電腦科學專業的學生,因為我就是其中的一員(現實是:大多數使用者不是電腦科學家)。我假設當我發布應用程式時,使用者就會自動上門(現實是:最初沒有人來)。我假設許多使用者會透過社群媒體帳號分享他們在 Finxter 上的成功(現實是:只有極少數使用者分享了他們的程式撰寫等級)。我假設使用者會提交他們自己的程式碼難題(現實是:數十萬名使用者中,只有一小撮人提交了程式碼難題)。我假設使用者想要帶有色彩和圖像的華麗設計(現實是:一個簡單又符合阿宅口味的設計就能改善使用行為——參見**第 8章**的簡單設計)。所有這些假設都導致具體的實作決策,讓我花費了數十甚至數百個小時實作了許多受眾不想要的功能。當初要是懂更多,我會在 MVP 中測試這些假設,回應使用者回饋,節省自己的時間和精力,並降低危及專案成功的可能性。

不必要的複雜度

隱身程式設計模式還有另一個問題:「**不必要的複雜度**」。假設你實作了一個包含四個功能的軟體產品(見圖 3-3);你很幸運——市場接受了它。你花費了大量時間來實作這四個功能,而正面的回饋讓你相信全部

四個功能都是成功的，因而除了未來要新增的功能之外，該軟體產品的所有後續版本都會包含這四個功能。

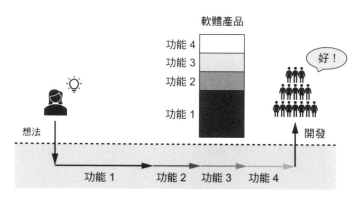

▲ 圖 3-3：由四個功能組成的有價值軟體產品。

但是，一次發布具有四個功能的軟體套件而不是一次發布一兩個功能，你無法得知市場會不會接受，或者偏好其中一部分功能（見圖 3-4）。

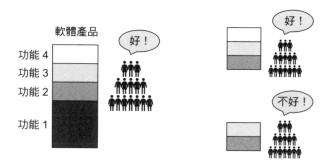

▲ 圖 3-4：哪些功能會被市場接受？

功能 1 可能完全無關緊要，即使它花費了你最多時間實作。同時，功能 4 可能是市場所需極具價值的功能。n 個功能可以有 2^n 種不同的軟體產品套件組合，如果你將它們組合在一起作為功能套件來發布，怎麼可能知道哪些有價值、哪些是浪費時間？

實作錯誤功能的成本已經很高，而發布錯誤功能套件會產生維護不必要功能的累積成本：

- 較長且功能豐富的專案需要更多時間來「載入」整個專案到你腦海裡。

- 每一個功能都有引入新 bug 的風險。

- 每行程式碼都會增加開啟、載入和編譯專案的時間成本。

- 實作功能 n 需要你去檢查之前所有功能 1、2⋯n-1 以確保第 n 個功能不會干擾它們運作。

- 每個新功能都需要新的單元測試，在發布下一個程式碼版本之前必須編譯和執行這些測試。

- 每個新增的功能都會讓 codebase 變得更加複雜，對於加入專案的新 coder 來說難以理解，進而增加了學習時間。

這不是一個詳盡的清單，但你明白了。如果每個功能會讓未來的實作成本增加 x%，那麼保留不必要的功能可能會導致程式撰寫生產力出現數量級的差異。你無法承擔在程式專案中系統性保留不必要的功能！

所以，你可能會問：如果隱身模式的程式設計不太可能成功，那麼解決方案是什麼？

建置最小可行產品

解決方案很簡單：建置一系列最小可行產品（MVP）。制定一個明確的假設——比如「**使用者喜歡解決 Python 難題**」——並建立一個只驗證這個假設的產品。刪除所有不能幫助你驗證這個假設的功能。根據該功能建置 MVP。藉由每個版本僅實作一個功能，你可以更徹底了解市場接受哪些功能以及哪些假設是正確的。但請不惜一切代價地避免複雜度，畢竟使用者如果不喜歡解決 Python 難題，為什麼還要繼續實作 Finxter.com 網站呢？一旦你在實際市場上測試了你的 MVP 並分析

它是否有效，就可以建置第二個 MVP 來新增下一個最重要的功能。透過一系列 MVP 去找出正確產品，這樣的策略稱為**快速原型設計（rapid prototyping）**。每一個原型都建立在你之前的發布經驗之上，而設計每一個原型的用意都是為了以最少時間和最少努力帶給你最大的學習效果。你「提早且經常發布」是為了找到「產品市場契合度」，這意味著精準抓住目標市場的產品需求和渴望（即使這個目標市場在一開始非常小）。

讓我們看一個使用程式碼搜尋引擎的範例。首先制定一個假設來進行測試：coder 需要一種搜尋程式碼的方法。思考一下你的程式碼搜尋引擎 app 的第一個 MVP 可能採用什麼形式。基於 shell 的 API？對所有開源 GitHub 專案執行資料庫搜索以精確比對單詞的後端伺服器？第一個 MVP 必須驗證主要假設。因此你決定，最簡單的驗證方法和獲得一些關於可能查詢的深入分析，是建置一個沒有複雜後端功能的使用者介面，來自動檢索查詢結果。你建立了一個帶有輸入欄位的網站，並透過在社群媒體上和程式撰寫群組分享你的想法以及購買少量廣告來吸引一些流量。這個應用程式介面很簡單：使用者輸入他們想要搜尋的程式碼並點擊搜尋按鈕。你不必費心優化搜尋結果；這不是你第一個 MVP 的重點。你決定在快速後處理之後，簡單轉發 Google 的搜尋結果。重點是，在你開始開發搜尋引擎之前，收集前一百個搜尋查詢（姑且以 100 為例）來找出一些常見的使用者行為模式！

你分析資料後發現，90% 的搜尋查詢與錯誤訊息有關；coder 只是將他們的撰寫程式錯誤複製貼上到搜尋欄位中。此外，你發現 90 個查詢中有 60 個與 JavaScript 有關。你得出結論，初始假設已得到驗證：coder 確實有搜尋程式碼。但是你也了解到，大部分 coder 搜尋錯誤而不是函數之類的有價值資訊。根據你的分析，你決定將第二個 MVP 從通用程式碼搜尋引擎縮小到「**錯誤**」搜尋引擎，這樣一來，你可以根據實際使用者需求量身打造你的產品，並從一小部分 coder 身上取得更積極的回饋，以便快速學習並將此經驗整合到一個有用的產品中。隨著時間進展，隨著你取得愈來愈多的關注和市場洞察力，絕對可以擴展到其他

語言和查詢類型上。如果沒有第一個 MVP，你可能會花上好幾個月的時間研究幾乎沒有人使用的功能，像是在程式碼中找尋任意模式的正規表達式功能，而代價是犧牲掉每個人都會使用的功能（例如錯誤訊息的搜尋）。

圖 3-5 描繪了軟體開發和產品建立的黃金準則。首先，你透過迭代開發 MVP 找到產品市場契合度，直到使用者喜歡你的產品。隨著時間進展，透過逐步發布 MVP 引起人們的興趣，並結合使用者回饋來逐步改進軟體的核心理念。一旦你達到產品與市場相匹配時，你就可以增加新功能——一次一個。唯有在一項功能證明它改善了關鍵使用者指標時，才會將它保留在產品中。

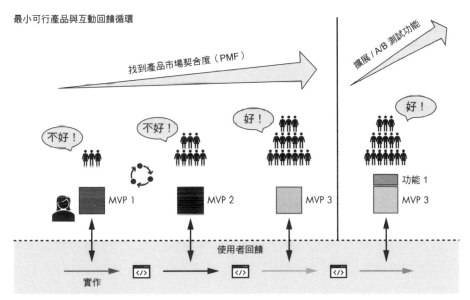

▲ 圖 3-5：軟體開發的兩個階段涉及以下步驟：（1）透過不斷調整的 MVP 找到產品市場契合度，並隨著時間進展建立起興趣。（2）透過精心設計的 A/B 測試來新增和驗證新功能以逐步擴展產品的功能。

以 Finxter.com 為例，如果我從一開始就遵循 MVP 規則，我可能會建立一個簡單的 Instagram 帳戶來共享程式碼難題，並檢查使用者是否喜歡解決這些難題。我原本可以花幾週甚至幾個月時間在社群網路上分享

難題，而不是花了一年時間在未經驗證的情況下編寫 Finxter 應用程式；再從社群的互動中吸取教訓，建置第二個功能稍多的 MVP，例如託管程式碼難題及其正確解決方案的專用網站。這種方法可以讓我在很短的時間內建置 Finxter 應用程式，只包含少量不必要的功能。建置一個去掉所有不必要功能的 MVP，是我辛辛苦苦才學到的教訓。

在《The Lean Startup》這本書中，Eric Ries 討論了價值十億美元的公司 Dropbox 如何採用 MVP 方法的著名案例。與其花費時間精力去實作一個將資料夾結構同步到雲端的複雜 Dropbox 功能——這需要在不同作業系統中緊密整合並徹底實作繁重的分散式系統概念（如副本同步），創始人用一個簡單的產品影片驗證了這個想法，即使影片中的產品當時還不存在。經過驗證的 Dropbox MVP，之後進行了無數次修改調整，為核心專案新增了更多有用的功能，進而簡化了使用者的生活。從那時起，這個概念已經受到軟體業（及其他領域）數千家成功公司測試。

如果市場表明使用者喜歡並重視你的產品創意，那麼你只需一個簡單、精心設計的 MVP，就已經達成了產品與市場的契合。從那裡，你可以不斷建置調整並完善你的 MVP。

當你使用基於 MVP 的方法進行軟體開發時，一次新增一個功能，重要的是能夠確定要保留哪些功能、放棄哪些功能。MVP 軟體建立過程的最後一步是 **A/B 測試（split testing）**[編註]：向一小部分使用者發布新產品並觀察隱含的和外顯的回饋，而不是向全部使用者發布具新功能的更新版產品。等到你對看到的結果感到滿意了——例如，在你網站停留的平均時間增加了——再保留這個功能，否則就放棄它，繼續使用沒有該功能的前次版本。這表示你必須犧牲開發該功能所花費的時間和精

[編註]　A/B 測試（split tesing，亦稱為 A/B testing 或 bucket tesing），把目標隨機分成兩組，測試某個變量在不同族群中的差異表現，藉以作為決策判斷的基礎，進而優化產品或商業策略。

力，但它確實讓你的產品盡可能簡單，讓你保持敏捷、靈活和高效率。利用 A/B 測試，你可以參與資料驅動的軟體開發。

建置最小可行產品的四個支柱

以 MVP 思維建置你的第一個軟體時，要考慮以下四個支柱：

功能性 該產品為使用者提供了一個清楚設定的功能，而且運作得很好。該功能不必具有很高的經濟效益。你的聊天機器人 MVP 實際上可能只是你自己在跟自身使用者聊天；這顯然無法擴展，但你所展示的是高品質聊天的功能——即便你還沒有弄清楚如何以經濟可行的方式提供此功能。

設計 產品設計精良且能聚焦，且設計要能支持產品對目標市場的價值。MVP 生成中的一個常見錯誤是，你建立的介面不能準確反映你的單一功能 MVP 網站。設計可以簡單明瞭，但必須支持價值主張。想想 Google Search——在發布第一個搜尋引擎版本時，他們顯然沒有在設計上花太多精力，但該設計非常適合他們提供的產品：無干擾的搜尋。

可靠性 即使你的產品很小，也不代表它可以不可靠。確保編寫測試使用案例並嚴格測試程式碼中的所有函數，否則，你從 MVP 中得到的學習經驗將被其不可靠的負面使用者回饋所破壞，而不是直接針對功能回饋。請記住：你希望以最少的努力獲得最大的學習效果。

可用性 MVP 必須易於使用。功能要清晰明確，且設計要能呼應這一點。使用者不需要花很多時間去搞清楚該做什麼或點擊哪些按鈕。MVP 反應靈敏、速度夠快，可以進行流暢的互動。一個聚焦而簡約的產品通常更容易達成這一點：具有一個按鈕和一個輸入欄位的頁面，操作方式應該很明顯了吧。再次說明，Google 搜尋引擎的初始原型就是一個很好的例子，它非常有用，持續了二十多年。

很多人誤解了 MVP 的這個特徵：他們錯以為，MVP 必須提供很少的價值、糟糕的易用性和懶惰的設計，因為它是產品的簡約版本。然而，簡約主義者知道，MPV 的簡潔實際上來自於對一個核心功能的嚴格關注，而不是來自懶惰的產品創造。對於 Dropbox 而言，建立一支有效的影片展示意圖比實作服務本身更容易；他們的 MVP 是一款具有出色功能、設計、可靠性和易用性的高品質產品。

最小可行產品的優勢

MVP 驅動的軟體設計，具有多項優勢。

- 能夠以最低成本檢驗你的假設。

- 除非有必要，通常可以避免實際編寫程式碼，當編寫程式碼時，在收集到實際回饋之前盡量減少工作量。

- 花在編寫程式碼和尋找 bug 上的時間少了很多——而且你會知道你花的時間對使用者來說是非常寶貴的。

- 向使用者提供的任何新功能都會獲得即時回饋，而持續的進步會激勵你和你的團隊不斷開發新功能。這大幅地降低了你在隱身程式設計模式下面臨的風險。

- 你可以降低未來的維護成本，因為 MVP 方法可以大大降低 codebase 的複雜度——而且所有未來的功能都會變得更簡單、更不容易出錯。

- 你會進步更快，而且在整個軟體生命週期中的實作將更加容易——這使你保持積極的狀態並走上成功的道路。

- 你將更快發布產品，更快從軟體中獲益，並以更加可預測、更加可靠的方式建立你的品牌。

隱身 vs. 最小可行產品方法

反對快速原型設計而支持隱身程式設計模式的一個常見論調是：隱身程式設計可以保護你的想法。人們都認定自己的想法夠特別、夠獨特，如果以原始形式發布它，作為 MVP，會被有能力更快實作它的大公司剽竊這個點子。坦白說，這是一種錯誤的觀點。想法很廉價；執行才是王道。任何想法都不太可能是獨一無二的，而且你的想法很可能已經被其他人先想到過。隱身程式設計模式不會減少競爭，甚至可能會鼓勵其他人致力於相同的想法，因為他們就和你一樣，假定沒有人想到這個點子。一個想法要成功，需要一個人將它付諸實現。如果你把時間快轉個幾年，那麼成功的人將會是快速採取果斷行動、儘早並經常發布、整合真實使用者的回饋，並在之前版本的基礎上逐步改進軟體的人。對想法保密只會限制其成長的潛力。

結論

在寫任何程式之前，想像你的最終產品並思考使用者的需求。致力於你的 MVP，並使其具有價值、設計良好、回饋迅速且可用。除了為達目標所需的必要功能，刪除掉其他所有功能，一次只專注於一件事。然後，快速且頻繁地發布 MVP——透過逐步測試和新增更多功能，隨著時間進展對其逐步改進。少即是多！花更多的時間思考下一個要實作的功能，而不是動手實作每一個功能。每一個功能都會為未來所有功能帶來直接且間接的實作成本。使用 A/B 測試，一次測試兩個產品變量的回應，並快速丟棄不會改善關鍵使用者指標的功能，例如留存率（retention）、頁面停留時間或活動。這為你的業務帶來了一種更全面的方法——並認知到軟體開發只是整個產品創造和價值交付過程中的一個步驟。

在下一章中，你將了解為什麼要編寫以及如何編寫簡潔的程式碼，但請記住：不寫不必要的程式碼是編寫 clean code 的確切途徑！

4

編寫乾淨簡單的程式碼

Clean code（無瑕的程式碼）是易於閱讀、理解和修改的程式碼。它就是最小且簡潔的程式碼，前提是這些屬性不會影響到可讀性。雖然 clean code 更像是一門藝術而不是一門科學，但軟體工程業已經就多個原則達成共識，只要遵循這些原則，就能幫助你寫出「更無瑕」的程式碼。在本章中，你將學到 17 條關於如何編寫 clean code 的原則，它們將會顯著提升你的生產力並解決複雜度問題。

你可能會想知道「乾淨」（clean）程式碼和「簡單」（simple）程式碼之間的區別。這兩個概念密切相關，因為乾淨的程式碼往往很簡單，而簡單的程式碼往往很乾淨。但是，也有可能碰到乾淨卻複雜的程式碼。所謂的簡單就是避免複雜度，而乾淨的 clean code 則是更進階，管理不可避免的複雜度——例如，透過有效運用註解和標準。

為什麼要寫 Clean Code ？

在前面章節中，你了解到「複雜度」是任何程式專案的頭號公敵。你已經知道，「簡單性」可以提高你的生產力、動機和 codebase 的可維護性。在本章中，我們要把這個概念更進一步體現，向你展示如何編寫 clean code。

對於未來的你和其他程式設計師來說，clean code 更容易理解，因為人們更有可能新增內容到 clean code 中，而且協作的潛力也會增加。因此，clean code 可以顯著降低專案的成本。正如 Robert C. Martin 在他的著作《Clean Code》（Prentice Hall，2008 年）中所指出，coder 花大部分時間閱讀舊程式碼以編寫新程式碼。如果舊程式碼易於閱讀，將能夠大幅加快整個過程。

> 事實上，閱讀時間與編寫時間的比例遠超過 10 比 1。我們不斷閱讀舊程式碼以作為編寫新程式碼的一部分。〔因此，〕讓程式碼易於閱讀，寫程式就會更加容易。

如果從字面上理解這個比例，這種關係如圖 4-1 所示。x 軸相當於專案中所編寫的程式碼行數，而 y 軸則是多寫一行程式碼的時間。通常，你在一個專案中寫的程式碼愈多，多寫一行程式碼所需的時間也愈多。這個道理適用於 clean code，也適用於骯髒的 code。

假設你已經寫了 n 行程式碼，然後新增了第 $n + 1$ 行程式碼。新增此行可能會影響先前寫的所有行數；例如，它可能會產生很小的效能損失，進而影響整個專案。它可能使用了在其他地方定義的變數，可能引入了一個 bug（機率為 c），要找到這個 bug，你必須搜尋整個專案。這代表每行程式碼的預期時間（亦即成本）為 $c * T(n)$，其中 T 為隨著輸入 n 增加而穩定增加的時間函數。新增一行也可能會迫使你編寫更多程式碼行數，以確保「向後相容」（backward compatibility）。

更長的程式碼可能會帶來許多其他的複雜度，但你很清楚：你寫的程式碼愈多，額外的複雜度就會更拖慢你的進度。

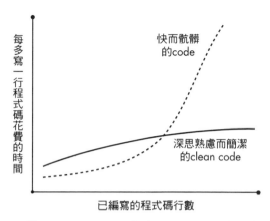

▲ 圖 4-1：clean code 提高了 codebase 的可擴展性和可維護性。

圖 4-1 還顯示了編寫骯髒 code 和 clean code 之間的區別。對於小型程式專案來說，骯髒 code 短期花費的時間較少──如果寫骯髒 code 沒有任何好處的話，根本就不會有人寫！如果你將所有功能都塞進一個一百行的程式碼腳本中，你就不需要投入大把時間考慮並重組你的專案。問題只會在你新增更多程式碼時開始出現：隨著一體式程式碼檔案從一百行增加到一千行，它的效率將會比使用更周全方法所開發的程式碼更慢，所謂周全的方法，就是運用不同的模組、類別或檔案邏輯來建構程式碼。

經驗法則：永遠編寫思慮周全的 clean code。對於任何重要的專案，重新思考、重構和重組程式碼所產生的額外成本將會獲得數倍的回報。有時賭注可能會非常高：1962 年，美國太空總署（NASA）試圖向金星發射一艘太空船，但一個小 bug──原始碼中省略了一個連字符號──導致工程師發出了自毀命令，造成當時價值超過 1,800 萬美元的火箭付之一炬。要是程式碼可以更乾淨，工程師可能在發布之前就能發現錯誤。

無論你是否從事火箭科學這類偉大的工作，謹慎設計程式的處事原則都會讓你在人生中走得更遠。簡單的程式碼也能幫助你將專案擴展出更多功能、觸及更多的程式設計師，因為很少 coder 會被這個專案的複雜度給嚇跑。

那麼，現在就讓我們來學習如何編寫乾淨簡單的程式碼，如何？

編寫 Clean Code 的 17 條原則

在進行博士研究時，我從頭開始開發分散式圖形處理系統時，學會編寫 clean code 的過程中吃盡了苦頭。如果你曾經寫過分散式應用程式——其中兩個位在不同電腦上的處理程序會透過訊息互相溝通——這樣你就知道它的複雜度很快會變得不堪負荷。我的程式碼進展到幾千行，而且經常出現 bug，也曾經一度連續幾星期都沒有任何進展；這非常令人沮喪。我所提出的概念在理論上是很有說服力的，但不知為何，它們在我的實作中不起作用。

最後，在 codebase 上全心投入一個月左右卻沒有看到任何令人鼓舞的進展之後，我決定從根本上簡化它。在所有改變中，我開始使用大量的函式庫而不是自己編寫功能；原本留待日後使用而註解掉的程式碼區塊也被我刪除了；我還重新命名了變數和函數。我以邏輯單元建立程式碼並且建立了新的類別，而不是把所有東西都塞進一個「上帝」類別（God class）。大約一周後，我的程式碼不僅對其他研究人員更容易閱讀也更好理解，而且效率更高、bug 更少。我的沮喪轉變成熱情——clean code 拯救了我的研究專案！

改進你的 codebase 並降低複雜度稱為**重構**（refactoring），如果你想編寫乾淨簡單的程式碼，它必須是你在軟體開發過程中經過規劃的關鍵元素。編寫 clean code 最需要牢記兩件事：了解從頭開始建置程式碼的最佳方法，以及定期進行修訂。我將在以下 17 條原則中介紹一些保持程式碼簡潔無瑕的重要技術。每個原則都涵蓋了編寫更簡潔程式碼的獨

特策略，雖然當中有一些原則互相重疊，但我覺得將重疊的原則合併會降低清晰度和可操作性。我們從第一條開始吧！

原則 1：考慮全局

如果你在做一個重要的專案，可能會在整個應用程式中使用多個檔案、模組和函式庫。你的**軟體架構**（software architecture）定義了你的軟體元素如何互動。良好的架構決策可以造成效能、可維護性和可用性方面的巨大躍進。要建立一個好的架構，你需要退後一步考慮全局。首先要確定必要功能。在第 3 章關於建置 MVP 的小節中，你學到如何將專案重點放在必要的功能上；你若這樣做，會為自己節省很多工作，而且每個設計的程式碼都會更加乾淨。此時，假設你已經建立了包含多個模組、檔案和類別的第一個應用程式，你該如何運用「全局思維」為混亂添加一些秩序？考慮以下問題可以幫助你思考關於讓程式碼更乾淨的最佳做法：

- 你需要所有單獨的檔案和模組嗎？或是可將其中一些合併起來，減少程式碼的相互依賴性？

- 你能夠把一個複雜的大檔案分成兩個較簡單的檔案嗎？請注意，通常兩個極端之間存在著一個最佳點——一個龐大而完全無法閱讀的單一程式碼區塊，或無數個難以清楚記住相互關係的小程式碼區塊，這兩種都不理想，介於兩者之間的多個階段才是更好的選擇。把它想像成一個倒 U 形曲線，其中最大值代表幾個大程式碼區塊和許多小程式碼區塊之間的最佳點。

- 你能否將程式碼轉換成一個通用的函式庫，以簡化主應用程式？

- 你能否使用現有的函式庫來擺脫多行程式碼？

- 你能否使用快取（caching）避免一遍又一遍重新計算相同的結果？

- 你能使用更直接、更合適的演算法來取代目前演算法可以做到的事嗎？

- 你能否刪除不會提高整體效能的「過早優化」？

- 你能使用另一種更適合目前問題的程式語言嗎？

全局思維是一種節省時間的方法，大幅降低整個應用程式的複雜度。有時很難在流程後期的各個階段實作這些變更，或者因為可能會干擾協作而無法進行變更，尤其對於 Windows 作業系統這類具有數百萬行程式碼的應用程式來說，這種高層次的思考會很困難。但你就是不能完全忽略這些問題，因為所有小調整組合在一起並不能減輕「錯誤或懶惰的設計選擇」所造成的不良影響。如果你在一家小型新創公司工作或者你是個人工作者，通常可以做出大膽的架構決策，例如更改演算法；但如果你在一個大型組織內工作，可能沒有那麼大的靈活性。應用程式愈大，你就愈有可能找到簡單的修復方法和唾手可得的成果。

原則 2：站在巨人的肩膀上

「重新發明輪子」沒有什麼價值。程式設計這個行業有著數十年歷史，世界上最優秀的程式設計師留給世人一個偉大的遺產：一個包含了數百萬個經過微調和良好測試的演算法與程式碼函數的資料庫。存取數百萬程式設計師的集體智慧，就像使用一行匯入敘述句一樣簡單，沒有理由不在你自己的專案中使用這種超能力。

使用函式庫程式碼可能會提高程式碼的效率。成千上萬名 coder 使用過的函數往往比你自己的好得多。此外，跟你自己寫的程式碼相比，函式庫呼叫更容易理解，而且在程式專案中佔用的空間更少。例如，假設你需要一個分群演算法（clustering algorithm）來視覺化客戶群，透過從外部函式庫匯入經過良好測試的分群演算法並將資料傳遞到其中，你就可以**站在巨人的肩膀上**。這遠比使用自己的程式碼省時——它將以更少的錯誤、更少的空間和更高效能的程式碼實作相同的功能。函式庫是程式設計高手用來將生產力提高千倍的主要工具之一。

來看一個節省時間的函式庫程式碼範例：以下是從 scikit-learn Python 函式庫中匯入 KMeans 模組的兩行程式碼，在變數 X 中的給定資料集上找尋兩個集群中心：

```
from sklearn.cluster import KMeans
kmeans = KMeans(n_clusters=2, random_state=0).fit(X)
```

若是自己實作 KMeans 演算法，會耗費好幾個小時，而且程式碼可能超過 50 行，讓你的 codebase 變得雜亂不堪，導致所有未來的程式碼都會變得更難實作。

原則 3：為人類編寫程式碼，而非機器

你可能認為一段原始碼的主要目的是定義機器應該做什麼以及它們應該如何執行。不是這樣的！程式語言（例如 Python）唯一的目的是幫助人類寫程式碼。編譯器完成繁重的工作，並將你的高階程式碼轉換為機器可以理解的低階程式碼。是的，你的程式碼最終將由機器執行，但程式碼主要還是人類寫出來的，在當今的軟體開發過程中，程式碼在部署之前可能要通過許多階段的人類判斷。因此最重要的是，你是在為人類寫程式碼，而不是機器。

永遠要假設其他人會閱讀你的原始碼。想像一下，你跳槽到了一個新的專案，必須有人接替你處理 codebase，有很多方法可以讓他們的工作更輕鬆並減少挫敗感。首先，使用有意義的變數名稱，讓讀的人可以輕鬆理解某一行程式碼的作用是什麼。清單 4-1 展示了一個選擇不當的變數名稱範例。

```
xxx = 10000
yyy = 0.1
zzz = 10

for iii in range(zzz):
    print(xxx * (1 + yyy)**iii)
```

清單 4-1：使用選擇不當的變數名稱之程式碼

很難猜出這段程式碼要計算什麼。反之，清單 4-2 是一段使用了有意義變數名稱，語義相等的程式碼。

```
investments = 10000
yearly_return = 0.1
years = 10

for year in range(years):
    print(investments * (1 + yearly_return)**year)
```

清單 4-2：使用有意義變數名稱之程式碼

這裡就比較容易理解：變數名稱指出了如何計算 10,000 元初始投資在十年內所產生的複利價值，假設年報酬率為 10%。

雖然我們不會在這裡深入探討實作此原則的所有方式（不過後面的原則會更詳細介紹一些方法），但它也可能在其他方面表現出來，有助於釐清意圖，例如縮排、空格、註解和行長度。clean code 徹底優化了人類的可讀性。正如國際軟體工程專家、暢銷書《Refactoring》的作者 Martin Fowler 所說：「任何傻瓜都可以編寫電腦可以理解的程式碼；而優秀的程式設計師則能寫出人類可以理解的程式碼（Addison-Wesley，1999 年）。」

原則 4：使用正確的名稱

相關地，經驗豐富的 coder 通常會就函數、函數參數、物件、方法和變數的特定命名慣例達成共識，不論是隱性（implicit）和顯性（explicit）的命名方式。遵守這些慣例，每個人都能受益：程式碼變得更易讀、更容易理解而且不那麼雜亂。如果你違反這些慣例，讀你程式碼的人可能會認為它是沒經驗的程式設計師寫出來的，就不會認真看待你的程式碼了。

這些慣例可能因不同的程式語言而異。例如，按照慣例，Java 使用 camelCaseNaming 命名變數，而 Python 使用 underscore_naming 命名變數和函

數。如果你開始在 Python 中使用駝峰式大小寫（camel case）[編註] 命名規則，可能會使讀者感到困惑。你不希望非傳統命名規則讓讀你程式碼的人分心，你希望他們專注於程式碼的作用，而不是你的撰寫風格。正如**最小意外原則（principle of least surprise）**點出的重點，選擇非傳統的變數名稱來讓其他 coder 感到驚訝沒有任何價值。

因此，讓我們深入了解在編寫原始碼時可以考慮的命名規則。

選擇描述性名稱 假設你要在 Python 中建立一個函數，將貨幣從美元（USD）轉換為歐元（EUR）。請用 usd_to_eur(amount) 而不是 f(x)。

選擇明確的名稱 你可能會認為 dollar_to_euro(amount) 是貨幣轉換函數的好名稱。雖然它比 f(x) 好，但比 usd_to_eur(amount) 差，因為它引入了不必要的歧義度。你是指美元、加幣還是澳幣？如果你在美國，答案或許顯而易見，但澳洲的 coder 可能不知道程式碼是在美國編寫的，可能會假定不同的輸出。盡量減少這些混淆！

使用可發音的名稱 大多 coder 下意識讀程式碼時會在心裡頭默唸。如果一個變數名稱無法發音，那麼解讀它會佔據注意力並消耗寶貴的心智空間；例如，變數名稱 cstmr_lst 可能是具描述性且明確，但它無法發音。選擇變數名稱 customer_list 雖然在程式碼中會多佔一點空間，但非常值得。

使用命名常數，而不是魔術數字 在你的程式碼中，你可以多次使用魔術數字 0.9 作為一個因數，將美元總和轉換為歐元總和。然而，讀你程式碼的人——包括未來的你——必須思考這個數字的用途，因為這個數字並非一目了然就能理解。處理魔術數字 0.9 更好的方法是，將它儲存在一個全大寫的變數中——用於指定它是一個不會改變的常數——如 CONVERSION_RATE = 0.9，並將其作為轉換計算中

[編註] Camel Case 用於將多個單詞結合在一起形成一個識別字，每個單詞的第一個字母大寫，且單詞之間沒有空格或標點符號。

的一個因數。例如，你可以將你的收入以歐元計算為 income_euro = CONVERSION_RATE *income_usd。

這些只是一些命名規則。除了這些快速提示之外，學習命名慣例的最佳方法是研究專家精心設計的程式碼。使用 Google 搜尋相關慣例——例如「Python 命名慣例」（Python naming conventions）——是不錯的起點。你還可以閱讀程式設計教材，加入 StackOverflow 以查詢其他 coder，查看開放原始碼專案的 GitHub 程式碼，並加入積極進取的 coder 所組成的 Finxter blog 社群，他們會在其中互相幫忙提升程式設計技能。

原則 5：遵守標準並保持一致

每一種程式語言都有一套關於如何編寫 clean code 的隱性或顯性規則。如果你是一個活躍的程式設計師，這些標準終究會找上你，但是你可以花一點時間研究正在學習的程式語言之程式碼標準來加快這個過程。

例如，你可以透過以下連結存取官方 Python 風格指南 PEP 8：https://www.python.org/dev/peps/pep-0008/。與任何風格指南一樣，PEP 8 定義了正確的程式碼布局和縮排、設定換行符號的方法、一行中的最大字元數量、註解的正確使用、個人函數文件的制定，以及命名類別、變數和函數的慣例。例如，清單 4-3 顯示了 PEP 8 指南中的一個正面範例，關於使用不同樣式和慣例的正確方法：每個縮排層級使用四個空格、一致對齊函數參數、在參數串列中列出逗號分隔值（comma-separated value, CSV）時使用單一空格，以及用下底線組合多個單詞來正確命名函數和變數：

```python
# 對齊開始的分隔符號
foo = long_function_name(var_one, var_two,
                         var_three, var_four)

# 增加四個空格（多一層縮排）以區分參數和其他內容
def long_function_name(
        var_one, var_two, var_three,
        var_four):
    print(var_one)
```

```
# 懸掛縮排應該增加一個層級
foo = long_function_name(
    var_one, var_two,
    var_three, var_four)
```

清單 4-3：根據 PEP 8 標準在 Python 中使用縮排、空格和命名

清單 4-4 顯示了錯誤的方法：參數沒有對齊、變數和函數名稱中的多個單詞沒有正確組合、參數串列之間沒有用一個空格正確分隔，以及縮排層級只有兩個或三個空格而不是四個：

```
# 不使用垂直對齊時，禁止在第一行使用參數
foo = longFunctionName(varone,varTwo,
  var3,varxfour)

# 當縮排無法清楚辨識時，必須再進一步縮排
def longfunctionname(
  var1,var2,var3,
  var4):
  print(var_one)
```

清單 4-4：Python 中縮排、空格和命名的錯誤使用

你的程式碼讀者會希望你恪守公認的標準，任何其他作為都會導致混淆和沮喪。

不過，詳細閱讀風格指南可能太過枯躁乏味。學習慣例和標準還有一種不那麼無聊的方法，就是使用 linter 工具和整合開發環境（integrated development environment, IDE）來告訴你哪裡犯錯以及如何犯錯。在我跟 Finxter 團隊的一個周末駭客松（hackathon）活動中，我們建立了一個名為 Pythonchecker.com 的工具，它以趣味方式幫助你將 Python 程式碼從髒亂重構為超級乾淨。對 Python 而言，這方面最好的專案之一是 PyCharm 的「**black**」模組。所有主要的程式語言都存在著類似的工具，只需在網上搜尋 **<你的語言> Linter** 即可找到最適合你的程式設計環境的工具。

原則 6：使用註解

如前所述，在為人類而非機器編寫程式碼時，你需要使用註解來幫助讀者理解它。參考清單 4-5 中沒有註解的程式碼。

```
import re

text = '''
    Ha! let me see her: out, alas! She's cold:
    Her blood is settled, and her joints are stiff;
    Life and these lips have long been separated:
    Death lies on her like an untimely frost
    Upon the sweetest flower of all the field.
'''


f_words = re.findall('\\bf\w+\\b', text)
print(f_words)


l_words = re.findall('\\bl\w+\\b', text)
print(l_words)

'''
OUTPUT:
['frost', 'flower', 'field']
['let', 'lips', 'long', 'lies', 'like']

'''
```

清單 4-5：沒有註解的程式碼

清單 4-5 使用正規表達式（regular expression）分析了莎士比亞的《羅密歐與朱麗葉》作品中一個簡短文本片段。如果你不熟悉正規表達式，可能很難理解程式碼的作用，即使是有意義的變數名稱也不太幫得上忙。

讓我們看看加上一些註解是否可以解決你的困惑（參見清單 4-6）。

```
import re

text = '''
```

```
    Ha! let me see her: out, alas! She's cold:
    Her blood is settled, and her joints are stiff;
    Life and these lips have long been separated:
    Death lies on her like an untimely frost
    Upon the sweetest flower of all the field.
'''
```

❶ # 找出所有 'f' 開頭的字元
```
f_words = re.findall('\\bf\w+\\b', text)
print(f_words)
```

❷ # 找出所有 'l' 開頭的字元
```
l_words = re.findall('\\bl\w+\\b', text)
print(l_words)

'''
OUTPUT:
['frost', 'flower', 'field']
['let', 'lips', 'long', 'lies', 'like']
'''
```

清單 4-6：帶註解的程式碼

　　兩個簡短的註解 (❶ ❷) 闡明了正規表達式 '\\bf\w+\\b' 和 '\\bl\w+\\b' 這兩個樣式的用途。我在這裡不會深入探討正規表達式，不過該範例展示了註解可以如何幫助你在不了解語法的情況下，概略地理解其他人的程式碼。

　　你還可以使用註解來摘要程式碼區塊。例如，如果你有 5 行程式碼要更新資料庫中的客戶資訊，請在程式碼區塊前新增一個簡短註解來解釋它，如清單 4-7 所示。

❶ # 處理下一筆訂單
```
order = get_next_order()
user = order.get_user()
database.update_user(user)
database.update_product(order.get_order())
```

❷ # 出貨並確認客戶
```
logistics.ship(order, user.get_address())
user.send_confirmation()
```

清單 4-7：註解區塊給出了程式碼的概述

這顯示了線上商店如何透過兩個高階步驟完成客戶的訂單：處理下一筆訂單 ❶ 和運送訂單 ❷。註解可幫助你快速理解程式碼的用途，而無需解譯每一個方法呼叫（method call）。

你還可以使用註解來警告程式設計師潛在的不良後果。例如，清單 4-8 提醒我們呼叫函數 ship_yacht() 會實際將一艘昂貴的遊艇運送給客戶。

```
############################################################
# 警告                                                     #
# 執行此函數會運送出一台價值 $1,569,420 的遊艇！            #
############################################################
def ship_yacht(customer):
    database.update(customer.get_address())
    logistics.ship_yacht(customer.get_address())
    logistics.send_confirmation(customer)
```

清單 4-8：作為警告的註解

有許多更有用的方式可以運用註解；它們不僅僅是正確套用標準而已。在編寫註解時，把「為人類寫程式」的原則作為首要考量，就沒問題了。當你閱讀經驗豐富的程式設計師所寫的程式碼，你會有效吸收潛規則，久而久之，自然而然就變成自己的功力。你現在已經精通你所編寫的程式碼，加了有用的註解讓外人了解你的想法。不要錯過與其他人分享見解的機會！

原則 7：避免不必要的註解

話雖如此，並非所有註解都能幫助讀者更容易理解程式碼。在某些情況下，註解實際上會降低清晰度，並使閱讀 codebase 的讀者感到困惑。要編寫 clean code，不僅要使用有價值的註解，也要避免不必要的註解。

在我擔任電腦科學研究人員期間，我有一位技術嫻熟的學生成功地申請到一份 Google 的工作。他告訴我，Google 獵人頭人資批評了他的程式碼風格，因為他加了太多不必要的註解。評估註解是程式設計專家用於判斷你是初學程度、中級或專家等級 coder 的另一種方法。程式碼

中的問題，例如違反風格指南、懶惰或草率的註解，或者為給定的程式語言編寫非慣用程式碼，稱之為**「程式碼臭味」**（code smell），它們指向程式碼中的潛在問題，程式專家在千里之外就能發現。

你怎麼知道要省去哪些註解？在大多數情況下，如果註解是多餘的，那它就不必要存在。例如，如果你使用了有意義的變數名稱，程式碼通常會不言可喻，而且不需要用一行來註解。讓我們看一下清單 4-9 程式碼片段中的有意義變數名稱。

```python
investments = 10000
yearly_return = 0.1
years = 10

for year in range(years):
    print(investments * (1 + yearly_return)**year)
```

清單 4-9：具有有意義變數名稱的程式碼片段

假設殖利率為 10%，計算十年累積的投資報酬率的程式碼已經很清楚了。為了便於說明，讓我們在清單 4-10 中加上一些不必要的註解。

```python
investments = 10000 # 你的投資金額，必要時可改
yearly_return = 0.1 # 年報酬率（例如，0.1 表示 10%）
years = 10 # 複利計算的年數

# 逐年計算
for year in range(years):
    # 列印今年的投資價值
    print(investments * (1 + yearly_return)**year)
```

清單 4-10：不必要的註解

清單 4-10 中的所有註解都是多餘的。如果你選擇了意義不大的變數名稱，這些註解會很有幫助，但是為一個名為 yearly_return 的變數註解「它代表年報酬率」，只會增加不必要的雜亂。

一般來說，你應該用常識判斷是否需要加上註解，這裡有一些主要準則可供你參考。

不要使用行內註解 透過選擇有意義的變數名稱來完全避免。

不要加上明顯的註解 在清單 4-10 中，解釋 for 迴圈敘述句的註解是不必要的。每個 coder 都知道 for 迴圈是什麼，因此為 for year in range(years) 加上註解 # 逐年計算 沒有任何附加價值。

不要註解掉舊程式碼，刪除它 程式設計師通常都捨不得自己心愛的程式碼片段，即使在我們（勉強）決定刪除，也只會將它們註解掉（comment out）。這會破壞程式碼的可讀性！永遠刪除不必要的程式碼——為了高枕無憂，你可以使用 Git 等版本控制工具來儲存專案的早期草稿。

使用文件功能 許多程式語言（如 Python）都帶有內建的文件功能，允許你描述程式碼中每個函數、方法和類別的用途。如果每個函數、方法和類別都只負責一個功能（根據原則 10），那麼使用文件而不是註解來描述你的程式碼作用通常就足夠了。

原則 8：最小意外原則

最小意外原則（principle of least surprise）指出，系統的元件應該按照大多數使用者期望的方式執行。這個原則是設計有效應用程式和使用者體驗時的黃金法則之一。例如，如果你打開 Google 搜尋引擎，游標會自動放置在搜尋輸入欄位中，這樣你就可以立即輸入你的搜尋關鍵字，正如你所期望的：沒有意外。

clean code 也利用了這個設計原則。假設你編寫了一個貨幣轉換器，將使用者的輸入從美元轉換為人民幣，並且將使用者輸入儲存在一個變數中。哪個變數名稱更適合，user_input 還是 var_x？最小意外原則為你解答了這個問題！

原則 9：不要重複

不要重複（Don't repeat yourself, DRY）[編註] 是一個廣泛認可的原則，它非常直觀地建議避免重複程式碼。以清單 4-11 中的 Python 程式碼為例，它向 shell 印出五次相同的字串。

```
print('hello world')
print('hello world')
print('hello world')
print('hello world')
print('hello world')
```

清單 4-11：印出 hello world 五次

清單 4-12 顯示了重複較少的程式碼。

```
for i in range(5):
    print('hello world')
```

清單 4-12：減少清單 4-11 中的重複

清單 4-12 中的程式碼將會印出 hello world 五次，跟清單 4-11 一樣，但沒有多餘的重複。

函數也可以是減少重複的有用工具。假設你需要在程式碼中將多個實例裡的英里轉換為公里，如清單 4-13 所示。

首先，建立一個變數 miles 並將它乘以 1.60934 以轉換為公里。然後，將 20 乘以 1.60934，把 20 英里轉換為公里，並將結果儲存在變數 distance 中。

[編註] DRY 軟體開發原則強調，在程式碼中避免重複相同的邏輯或資訊，也就是避免出現多餘、重複的程式碼。

```
miles = 100
kilometers = miles * 1.60934

distance = 20 * 1.60934

print(kilometers)
print(distance)


'''
OUTPUT:
160.934
32.1868
'''
```

清單 4-13：將英里轉換為公里兩次

你使用了兩次相同的乘法過程，將英里的數值乘以係數 1.60934 來把英里轉換為公里。DRY 建議最好編寫一個函數 miles_to_km(miles)，如清單 4-14 所示，而不是在程式碼中多次顯性執行相同的轉換。

```
def miles_to_km(miles):
    return miles * 1.60934


miles = 100
kilometers = miles_to_km(miles)

distance = miles_to_km(20)

print(kilometers)
print(distance)

'''
OUTPUT:
160.934
32.1868
'''
```

清單 4-14：使用函數將英里轉換為公里

這樣一來，程式碼更容易維護。例如，你可以調整函數來提高轉換的準確性，只需在一處進行修改，但在清單 4-13 中，你必須在程式碼中搜尋所有實例才能進行修改。應用 DRY 原則也能使程式碼更容易被人類讀者理解。我們毫無疑問都能理解 miles_to_km(20) 函數的用途，但你可能需要更加仔細思考計算 20 * 1.60934 的意義何在。

違反 DRY 通常會縮寫為 WET，其英文意譯為：**我們喜歡打字（we enjoy typing）、所有東西都寫兩次（write everything twice）、浪費大家的時間（waste everyone's time）**。

原則 10：單一職責原則

單一職責原則（single responsibility principle）意指每個函數都應該有一個主要任務。使用多個小函數同時完成所有事情比用一個大函數來得好；將函數封裝（encapsulation）會降低整體程式碼的複雜度。

根據經驗，每個類別和每個函數都應該只有一個職責。此一原則的發明者 Robert C. Martin 將「職責」定義為「改變的理由」。因此，他在定義類別和函數時的黃金標準是將它們集中在單一職責上，這樣一來，只有需要更動該職責的程式設計師才會請求更改定義——負責其他職責的程式設計師根本不會考慮提出更改該類別的請求（當然，前提是程式碼是正確的）。例如，負責從資料庫讀取資料的函數不會同時負責處理資料，否則，該函數會有兩個需要變更的理由：資料庫模型的變更和處理需求的變更。如果有多個需要變更的原因，多位程式設計師可能會同時變更同一個類別，如此一來類別的職責太多，就會變得雜亂無章。

讓我們考慮一個可以在電子書閱讀器上執行的 Python 小範例，用於建模和管理使用者的閱讀體驗（清單 4-15）。

❶ class Book:

❷ def __init__(self):
        self.title = "Python One-Liners"
        self.publisher = "NoStarch"
        self.author = "Mayer"

```
            self.current_page = 0

        def get_title(self):
            return self.title

        def get_author(self):
            return self.author

        def get_publisher(self):
            return self.publisher

❸   def next_page(self):
            self.current_page += 1
            return self.current_page

❹   def print_page(self):
            print(f"... Page Content {self.current_page} ...")



❺ python_one_liners = Book()

  print(python_one_liners.get_publisher())
  # NoStarch

  python_one_liners.print_page()
  # ... Page Content 0 ...

  python_one_liners.next_page()
  python_one_liners.print_page()
  # ... Page Content 1 ...
```

清單 4-15：在違反單一職責原則的情況下對 Book 類別進行建模

　　清單 4-15 的程式碼定義了 Book 類別 ❶，它具有四個屬性：書名、作者、出版商和目前頁碼。你為屬性 ❷ 定義了 getter 方法，以及移動到下一頁 ❸ 的一些最小功能，每次使用者按下閱讀設備上的按鈕時都會呼叫這些函數。函數 print_page() 負責將目前頁面輸出到讀取設備 ❹。這僅作為 stub（測試替身），在現實情境中會更複雜。最後，你建立一個名為 python_one_liners ❺ 的 Book 實例，並透過最後幾行中的一系列方法呼叫和列印敘述句以存取它的屬性。例如，實作真正的電子書閱讀器，會在使

用者每次閱讀書籍請求一個新頁面時呼叫 next_page() 和 print_page() 方法。

雖然程式碼看起來簡潔明瞭，但它違反了單一職責原則：Book 類別既負責為資料建模（例如書籍內容），又負責將書籍輸出到設備上。建模和輸出是兩個不同的函數，但卻封裝在同一個類別中。這樣會產生多種變更理由。你可能想要更改書籍資料的建模方式：例如，使用資料庫而不是基於文件的輸入 / 輸出方法。但你可能還想要更改建模資料的表示方式，例如，在其他類型的螢幕上使用另一種書籍格式化方案。

讓我們在清單 4-16 中解決這個問題。

```
❶ class Book:

❷   def __init__(self):
        self.title = "Python One-Liners"
        self.publisher = "NoStarch"
        self.author = "Mayer"
        self.current_page = 0

    def get_title(self):
        return self.title

    def get_author(self):
        return self.author

    def get_publisher(self):
        return self.publisher

    def get_page(self):
        return self.current_page

    def next_page(self):
        self.current_page += 1


❸ class Printer:

❹   def print_page(self, book):
        print(f"... Page Content {book.get_page()} ...")
```

```
python_one_liners = Book()
printer = Printer()

printer.print_page(python_one_liners)
# ... Page Content 0 ...

python_one_liners.next_page()
printer.print_page(python_one_liners)
# ... Page Content 1 ...
```

清單 4-16：堅守單一職責原則

　　清單 4-16 中的程式碼完成了相同的任務，但它滿足單一職責原則。你同時建立 Book ❶ 和 Printer ❸ 類別。Book 類別代表書籍的後設資料和目前頁碼 ❷，而 Printer 類別負責將書籍輸出到設備上。把要印出目前頁面的書籍傳遞給 Printer.print_page() 方法 ❹，這樣一來，資料建模（**資料是什麼？**）和資料呈現（**資料如何呈現給使用者？**）會被解耦（decoupled）[編註]，程式碼就會更容易維護。例如，如果你想藉由新增新屬性 publishing_year 來更改圖書資料模型，你可以在 Book 類別中進行。如果你想藉由向讀者提供這些資訊來反映資料表示中的這種變化，你可以在類別 Printer 中這樣做。

原則 11：測試

測試驅動開發（test-driven development, TDD）是現代軟體開發不可或缺的一個部分。不管你多麼熟練，都會在程式碼中犯錯。要發現錯誤，首先需要執行定期測試或建置測試驅動程式碼。每個偉大的軟體公司在將最終產品公開發布之前，都會進行多層測試，畢竟在公司內部發現錯誤比從不滿意的使用者口中得知有錯要好得多。

[編註] 所謂「解耦」是指將兩個不同的部分或功能分離開來，減少它們之間的依賴性，如此一來，修改一個部分就不會影響到另一個部分，可以讓程式碼更加靈活同時易於維護。

雖然並沒有限制要執行哪些類型的測試來改進你的軟體應用程式，不過以下是最常見的類型：

單元測試（unit test） 運用單元測試時，編寫一個獨立的應用程式來檢查應用程式中每個函數不同輸入的正確輸入／輸出關係。單元測試通常會定期進行——例如，每次發布新的軟體版本時。這能夠降低軟體因修改而導致以前穩定的功能突然失效的可能性。

使用者驗收測試（user acceptance test, UAT） 這些測試可以讓你觀察目標市場族群在受控環境中的使用行為。你可以問他們喜歡這個應用程式的地方以及如何改進它。通常在組織內進行廣泛測試後，這些測試會部署在專案開發的最後階段。

冒煙測試（smoke test） 冒煙測試是一種初步測試，目的是在軟體開發團隊將應用程式交給測試團隊之前，確認應用程式的功能是否正常運作。換句話說，冒煙測試通常會由應用程式的建置團隊進行以獲得品質保證，然後才會將程式碼交給測試團隊。當應用程式通過冒煙測試，它就可以進行下一輪測試了。

效能測試（performance test） 效能測試旨在展示應用程式是否滿足甚至超過其使用者的效能要求，而不是測試實際的功能性。例如，在 Netflix 發布一項新功能之前，它必須測試其網站的頁面載入時間，如果新功能影響前端網頁速度變太慢，那麼 Netflix 就不會發布它，主動避免負面的使用者體驗。

可擴展性測試（scalability test） 如果你的應用程式成功運作，那麼你可能每分鐘要處理 1,000 個請求，而不是原本的兩個請求，可擴展性測試將顯示你的應用程式是否具有足夠的可擴展性來處理。請注意，高效應用程式不一定是可擴展的，反之亦然。例如，快艇的效能非常好，但無法一次容納數千人！

測試和重構通常會降低程式碼中的複雜度和錯誤數量，但小心不要「過度工程化」（over-engineer，參見原則 14）——你需要測試只會

在現實世界中發生的情境。例如，考慮到地球上只有 70 億潛在觀眾，Netflix 就沒有必要測試應用程式是否可以處理 1,000 億台串流媒體設備。

原則 12：小就是美

小程式碼（small code）是只需要相對較少的行數來完成單一指定任務的程式碼。下面是一個小程式碼函數的範例，它從使用者那裡讀取一個整數值，並確保該輸入確實是一個整數：

```python
def read_int(query):
    print(query)
    print('Please type an integer next:')
    try:
        x = int(input())
    except:
        print('Try again - type an integer!')
        return read_int(query)
    return x

print(read_int('Your age?'))
```

　　程式碼會一直執行，直到使用者輸入一個整數。以下是一個執行範例：

```
Your age?
Please type an integer next:
hello
Try again - type an integer!
Your age?
Please type an integer next:
twenty
Try again - type an integer!
Your age?
Please type an integer next:
20
20
```

　　把從使用者讀取整數值的邏輯分離出來，就可以多次重複使用同一個函數。但更重要的是，你已經將程式碼分解成更小的功能單元，它們相對容易閱讀和理解。

　　然而，許多初學者（或懶惰的中階 coder）都在編寫大型、單一的程式碼函數或所謂的**「上帝物件」（God object）**，該物件以集中方式完成所有工作，而這些大程式碼區塊對於維護來說根本是噩夢。一方面，比起試圖將特定功能整合到一個 10,000 行程式碼區塊中，人們會更容易一次理解一個小型的程式碼函數。在大型程式碼區塊中較容易犯錯，而小程式碼區塊與現有程式庫整合可以減少錯誤的機率。

　　在本章一開始，圖 4-1 表明，每增加一行程式碼，編寫程式的時間成本就會增加，然而從長遠來看，編寫 clean code 比骯髒 code 要快得多。圖 4-2 比較了使用小程式碼區塊和單一大型程式碼區塊所需的時間。對於大型程式碼區塊，每新增一行程式碼花費的時間將以超線性（superlinearly）速度增加；但如果將多個小程式碼函數堆疊在一起，每增加一行花費的時間就會呈準線性（quasi-linearly）增加。為了最有效達成這個目標，你需要確保每個程式碼函數或多或少獨立於其他程式碼函數。你將在下一個原則「迪米特法則」中了解更多關於這個想法的資訊。

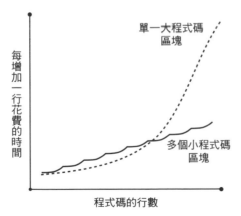

▲ 圖 4-2：使用單一大程式碼區塊，時間呈指數（exponentially）成長；使用多個小程式碼區塊，時間呈準線性（quasi-linearly）增加。

原則 13：迪米特法則

「依賴」無處不在。當你在程式碼中匯入函式庫時，你的程式碼會部分依賴於函式庫的功能，但它本身也會具有相互依賴關係。在物件導向程式設計中，一個函數可能依賴另一個函數，一個物件依賴另一個物件，一個類別定義依賴另一個類別定義。

編寫 clean code，請遵循迪米特法則（Law of Demeter）。該法則由 Ian Holland 於 1980 年代晚期提出，他是一名軟體開發人員，致力於以「Demeter」為名的軟體專案（Demeter 是主掌農業、生產和豐收的希臘女神）。該專案小組提倡以「軟體成長」為理念，而不只是單純「建置」它。不過，著名的迪米特法則和這些較為形而上的哲學思想關係不大——它是一種在物件導向程式設計中編寫「鬆散耦合」程式碼的實用方法。以下是該專案小組網站 http://ccs.neu.edu/home/lieber/what-is-demeter.html 中解釋迪米特法則的簡扼引述：

> Demeter 的一個重要概念是，至少將軟體分為兩部分：第一部分定義物件，第二部分定義操作。Demeter 的目標是保持物件和操作之間的鬆散耦合，以便可以對其中任何一個進行修改而不會嚴重影響另一個。這大幅減少了維護時間。

換句話說，你應該最小化程式碼物件的依賴關係。透過減少程式碼物件之間的依賴關係，可以降低程式碼的複雜度，進而提高可維護性。一個具體的涵義是，每個物件應該只呼叫它「自己的方法」或是「相鄰物件的方法」，而不是呼叫從相鄰物件的方法中獲得物件的方法。為了便於解釋，如果 A 呼叫 B 提供的方法，我們將兩個物件 A 和 B 定義為「朋友」。非常簡單！但是如果 B 的方法返回物件 C 的參照呢？現在，物件 A 可以執行以下操作：B.method_of_B().method_of_C()。這稱為方法呼叫的**「鏈接」**（chaining）——用我們的比喻來說就是，你和朋友的朋友交談。迪米特法則說「只和你最親密的朋友交談」，所以它不鼓勵這種類型的方法鏈接。乍聽之下可能會讓人很困惑，因此讓我們深入研究圖 4-3 所示的實際範例。

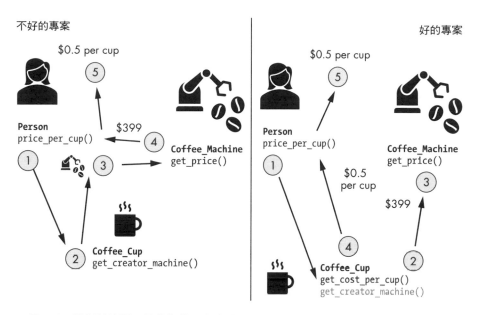

▲ 圖 4-3：迪米特法則：只與你的朋友交談以最小化依賴關係。

圖 4-3 展示了兩個物件導向的程式專案，用以計算每杯咖啡的價格。其中一個實作違反了迪米特法則，另一個遵守該法則。讓我們先從反例開始，在這個例子中，你使用 Person 類別中的方法鏈接與陌生人 ❶ 交談（參見清單 4-17）。

```python
# 違反迪米特法則（不好的）

class Person:
    def __init__(self, coffee_cup):
        self.coffee_cup = coffee_cup

    def price_per_cup(self):
        cups = 798
      ❶ machine_price = self.coffee_cup.get_creator_machine().get_price()
        return machine_price / cups


class Coffee_Machine:
    def __init__(self, price):
        self.price = price
```

```
    def get_price(self):
        return self.price


class Coffee_Cup:
    def __init__(self, machine):
        self.machine = machine

    def get_creator_machine(self):
        return self.machine


m = Coffee_Machine(399)
c = Coffee_Cup(m)
p = Person(c)

print('Price per cup:', p.price_per_cup())
# 0.5
```

清單 4-17：違反迪米特法則的程式碼

你建立了 price_per_cup() 方法，根據咖啡機的價格和所製作的咖啡杯數計算每杯咖啡的成本。Coffee_Cup 物件收集了會影響每杯價格的相關咖啡機價格資訊，並將其傳遞給 Person 物件上的 price_per_cup() 方法之呼叫者。

圖 4-3 左側的圖表顯示了此種做法的錯誤策略。讓我們看一下清單 4-17 中相應程式碼的分解步驟說明。

1. price_per_cup() 方法呼叫了 Coffee_Cup.get_creator_machine() 方法，以取得對建立咖啡的 Coffee_Machine 物件的參照。

2. get_creator_machine() 方法回傳一個產生杯子內容物的 Coffee_Machine 物件之物件參照。

3. price_per_cup() 方法從之前剛獲得的 Coffee_Cup 方法呼叫中，對 Coffee_Machine 物件呼叫 Coffee_Machine.get_price() 方法。

4. get_price() 方法回傳機器的價格。

5. price_per_cup() 方法計算每杯的折舊費，並以此估算單杯的價格。
   這會回傳給方法的呼叫者。

這是一個很糟糕的策略，因為 Person 類別依賴於兩個物件：Coffee_
Cup 和 Coffee_Machine ❶。負責維護這個類別的程式設計師必須知道這兩個
父類別的定義——其中任何一個的任何更改都可能影響 Person 類別。

迪米特法則最小化了這種依賴關係。你可以在圖 4-3 的右側和清單
4-18 看到對相同問題建模的更好方法。在這段程式碼中，Person 類別不
直接與 Machine 類別對話——它甚至不需要知道它的存在！

```python
# 導守迪米特法則（好的）

class Person:
    def __init__(self, coffee_cup):
        self.coffee_cup = coffee_cup

    def price_per_cup(self):
        cups = 798
      ❶ return self.coffee_cup.get_cost_per_cup(cups)


class Coffee_Machine:
    def __init__(self, price):
        self.price = price

    def get_price(self):
        return self.price


class Coffee_Cup:
    def __init__(self, machine):
        self.machine = machine

    def get_creator_machine(self):
        return self.machine

    def get_cost_per_cup(self, cups):
        return self.machine.get_price() / cups
```

```
m = Coffee_Machine(399)
c = Coffee_Cup(m)
p = Person(c)

print('Price per cup:', p.price_per_cup())
# 0.5
```

清單 4-18：不與陌生人交談，遵守迪米特法則的程式碼

讓我們一步步檢視這段程式碼：

1. price_per_cup() 方法呼叫 Coffee_Cup.get_cost_per_cup() 方法，以取得每杯咖啡的預估價格。

2. get_cost_per_cup() 方法——在回覆呼叫方法之前——呼叫 Coffee_Machine.get_price() 方法來取得機器的價格。

3. get_price() 方法回傳價格資訊。

4. get_cost_per_cup() 方法計算每杯價格並將其回傳給呼叫它的 price_per_cup() 方法。

5. price_per_cup() 方法僅將此計算值轉發給它的呼叫者 ❶。

這是一種更好的做法，因為 Person 類別現在不再依賴於 Coffee_Machine 類別；依賴的總數減少了。對於具有數百個類別的專案來說，減少依賴項會顯著降低應用程式的整體複雜度。大型應用程式複雜度不斷增加所帶來的風險是：潛在依賴項的數量會隨著物件數量增加呈超線性成長。概略來說，超線性曲線比直線成長得更快；例如，將物件數量增加一倍，就能輕易地讓依賴項數量增加四倍（等同複雜度）。然而，遵循迪米特法則可以藉由顯著減少依賴的數量來抵消這種趨勢。如果每個物件只與 k 個其他物件對話，而你有 n 個物件，則依賴關係的總數會以 $k*n$ 為限，如果 k 是常數，則此為線性關係。因此，迪米特法則可以在數學上幫助你優雅地擴展你的應用程式！

原則 14：你不需要它

這個原則表明，如果你只是**懷疑**將來某天會需要用到某段程式碼，那麼你就不應該實作該段程式碼——因為你不需要它！除非百分之百確定有必要再去寫程式碼。程式碼是為了今天的需求存在而非未來。如果將來你確實需要曾經懷疑過會用到的程式碼，你還是可以實作該功能，但此刻，你省去許多不必要的程式碼行數。

從最基本原則出發進行思考是有幫助的：最簡單、最乾淨的程式碼是空的檔案。就從那裡開始——你**需要**增加什麼？在第 3 章中，你學到了 MVP：去除其他功能以專注在核心功能的程式碼。如果能把功能數量減少到最小程度，你將獲得比重構方法或所有其他原則組合所得到的更乾淨、更簡單的程式碼。請考慮忽略那些相對沒有太大價值的功能。「機會成本」很少被衡量，但通常很重要。你應該先確定「需要」一個功能，再思考實作它。

言下之意，這代表要避免**「過度工程」**（overengineering）：也就是建立一個比實際所需更高效、更強健，或包含更多功能的產品。過度工程會增加不必要的複雜度，你應該立即有所警惕。

舉例來說，我常遇到可以使用簡單演算法方法在幾分鐘內解決的問題，然而跟許多程式設計師一樣，我拒絕接受這些演算法的微小限制。相反的，我研究了最先進的分群演算法，比起簡單的 KMeans 演算法，將分群效能提高了幾個百分點。這些長尾（long-tail）優化非常昂貴——我不得不花費 80% 的時間來取得 20% 的改進。如果我**需要**這 20% 而且沒有其他方法可達成，當然就不得不這樣做；但實際上，我不需要實作花俏的分群演算法。這就是典型的過度工程案例！

永遠先追求唾手可得的果實！使用簡單的演算法和直接的方法來建立基準，然後分析哪些新功能或效能優化會為整個應用程式帶來出色的結果。著眼於整體而非局部：考慮全局（如原則 1），而不是耗費時間的細微調整。

原則 15：不要使用太多的縮排層級

多數程式語言使用文本縮排來視覺化潛在的巢狀條件區塊、函數定義或程式碼迴圈的階層架構。然而，過度使用縮排會降低程式碼的可讀性。清單 4-19 展示一個縮排層級過多而難以快速理解的程式碼片段範例。

```python
def if_confusion(x, y):
    if x>y:
        if x-5>0:
            x = y
            if y==y+y:
                return "A"
            else:
                return "B"
        elif x+y>0:
            while x>y:
                x = x-1
            while y>x:
                y = y-1
            if x==y:
                return "E"
            else:
                x = 2 * x
            if x==y:
                return "F"
            else:
                return "G"
    else:
        if x-2>y-4:
            x_old = x
            x = y * y
            y = 2 * x_old
            if (x-4)**2>(y-7)**2:
                return "C"
            else:
                return "D"
        else:
            return "H"

print(if_confusion(2, 8))
```

清單 4-19：巢狀程式碼區塊的層級過多

　　如果你現在試圖猜測這段程式碼的輸出，會發現實際上很難確切掌握。程式碼函數 if_confusion(x, y) 對變數 x 和 y 執行相對簡單的檢查，但很容易迷失在不同層級的縮排中，因為程式碼一點也不乾淨。

　　清單 4-20 展示了如何更簡潔地編寫相同的程式碼。

```
def if_confusion(x,y):
    if x>y and x>5 and y==0:
        return "A"
    if x>y and x>5:
        return "B"
    if x>y and x+y>0:
        return "E"
    if x>y and 2*x==y:
        return "F"
    if x>y:
        return "G"
    if x>y-2 and (y*y-4)**2>(2*x-7)**2:
        return "C"
    if x>y-2:
        return "D"
    return "H"
```

清單 4-20：較少層級的巢狀程式碼區塊

　　在清單 4-20 中，我們減少了縮排和巢狀結構。你現在可以檢查所有條件式看看哪個會先適用於你的兩個參數 x 和 y。大部分 coder 更喜歡閱讀扁平的程式碼而不是高度巢狀的程式碼——即使這是需要冗餘檢查的；例如，x>y 在這裡會被多次檢查。

原則 16：使用指標

隨著時間進展，請使用程式碼品質指標來追蹤程式碼的複雜度。不過有一種非正式的終極指標就是「每分鐘評譙（WTF）次數」，用以衡量程式碼閱讀者的挫敗感。對於乾淨簡潔的程式碼，這個指標的次數會很低，而骯髒又讓人困惑的程式碼則會較高。

你可以使用一些已建立的指標作為這個難以量化的標準之替代指標，例如，第 1 章中討論的 NPath 複雜度或循環複雜度。對於大多數 IDE，有許多線上工具和外掛程式會在你編寫程式原始碼時自動計算複雜度，其中包括了 CyclomaticComplexity，你可以在 https://plugins. jetbrains.com/ 的 JetBrains 外掛程式部分搜尋到它。根據我的經驗，實際使用的複雜度指標不如「意識到你需要盡可能消除複雜度」這個事實重要，我強烈建議使用這些工具來幫助你編寫更 clean 的程式碼。你所投入的時間一定可以獲得驚人的回報。

原則 17：童子軍規則和重構

童子軍規則（boy scout rule）很簡單：「在你離開的時候，讓露營地比你來的時候更乾淨。」這對於生活和寫程式碼來說都是一個好守則。養成習慣清理你碰到的每一段程式碼。這不僅會改善你所參與的 codebase，讓你的生活變得更輕鬆，而且還可以幫助你養成快速評估原始碼、大師級 coder 的敏銳眼光。額外的好處是，它將幫助你的團隊提高工作效率，而且你的同事會感謝你這種「以價值為導向」的做事態度。請注意，這不應違反我們之前提到關於避免過早優化（過度工程）的規則。花時間清理程式碼以降低複雜度幾乎都會很有效，這樣做會帶來減少維護開銷、錯誤和認知需求方面的巨大好處。簡單來說，過度工程可能會**增加**複雜度，而清理程式碼會**降低**複雜度。

改進程式碼的過程稱為**重構（refactoring）**。你可能會爭辯說，重構是包含我們在此討論過，所有原則的整體方法。身為一名優秀的 coder，你從一開始就會融入許多 clean code 原則，但即便如此，你仍然需要偶爾重構程式碼以清理你造成的任何混亂。特別是，你應該在發布任何新功能之前重構程式碼以保持程式碼乾淨。

有許多重構程式碼的方法。一種是向同事解釋你的程式碼，或者讓他們檢查一下，以便發現你可能做出自己沒注意到的錯誤決定。例如，你可能建立了兩個類別，Cars 和 Trucks，因為你希望你的應用程式對這兩個類別進行建模。當你向同事解釋程式碼時，就會意識到根本不常用到

Trucks 類別──而確實需要使用時，使用的方法已經存在 Car 類別中。同事建議你建立一個處理所有汽車和卡車的 Vehicle 類別，這樣可以立即刪掉許多行程式碼。這種類型的思維可以帶來巨大的改進，因為它會迫使你為自己的決定負責，並從大方向去解釋你的專案。

如果你是一個內向的程式設計師，可以先向小黃鴨解釋你的程式碼──這種技術稱之為「**橡皮鴨除錯法**」（rubber duck debugging）[編註]。

除了和同事（或是你的小黃鴨）交談之外，你還可以使用此處列出的其他 clean code 原則不時地快速評估你的程式碼；當你這樣做時，可能會發現一些可以快速應用的調整方法，透過整理 codebase 來大幅降低複雜度。這是軟體開發過程中不可或缺的一部分，它將能顯著改善你的結果。

結論

在本章，你學到了 17 條關於如何編寫簡潔程式碼的原則。你了解到 clean code 可以降低複雜度，並提高你的生產力以及專案的可擴展性和可維護性；也知道應該盡可能使用函式庫來減少混亂並提高程式碼品質。你已明白，在遵守標準的同時，選擇有意義的變數和函數名稱對於未來讀程式碼的人來說，是減少阻礙的重要因素。你也學會了設計函數只做一件事的原則，透過最小化依賴關係（根據迪米特法則）降低複雜度並提高可擴展性，可以避免直接和間接的方法鏈接。你還學會了以提供有價值見解的方式對程式碼進行註解，但同時也學會避免不必要或不重要的註解。而最重要的是，你已經了解到，解鎖 clean code 超能力的關鍵是為人類編寫程式碼，而不是機器。

[編註] 又稱為「小黃鴨」除錯法，其概念是，工程師拿著一個小黃鴨對著它清楚描述每一行程式碼，透過這個解釋過程有助於慢慢思考釐清邏輯，並發現錯誤，是軟體工程常用的除錯方法。

你可以與優秀的程式設計師合作、在 GitHub 上閱讀他們的程式碼、學習你的程式語言最佳實踐，來逐步提高你的 clean code 編寫技能。將一個動態檢查你的程式碼是否符合這些最佳實踐的 linter 整合到你的程式設計環境中，不時重新審視這些 clean code 原則，並將你目前的專案與這些原則對照檢查。

在下一章中，除了編寫 clean code 的原則，你將學習到有效編寫程式碼的另一個原則：「過早優化」的概念。你會很驚訝，尚未發現「過早優化是萬惡之源」的程式設計師為此浪費了多少時間和精力！

5

過早優化是萬惡之源

在本章中，你將了解**「過早優化」**（premature opti-mization，或稱不成熟的優化）如何影響你的工作效率。過早優化是將寶貴的資源——包括時間、精力、程式碼行數——耗費在優化不必要程式碼上的行為，尤其是在你掌握所有相關資訊「之前」。這是程式碼編寫不當的主要問題之一。

過早優化有多種形式；本章將介紹一些最相關的情形。我們將研究一些實際例子，說明過早優化發生的情境以及如何與你的程式專案有關，並在本章結尾探討有關效能調校的可行技巧，以確保它「不會」過早出現。

六種過早優化

優化程式碼本身並沒有錯，但總是要付出代價，無論是額外的程式設計時間還是額外的程式碼行數。當你優化程式碼片段時，通常會以「複雜度」來換取效能。有時你可以同時獲得低複雜度和高效能，例如編寫 clean code，但必須投入程式開發的時間來達成這一點！如果你在這個過程中太早這麼做，通常會花時間優化可能永遠不會在實務中使用到、或者對程式整體執行時間影響很小的程式碼。你還可能會在沒有足夠資訊的情況下進行優化，例如，缺乏關於何時呼叫程式碼和可能的輸入值。浪費程式設計時間和程式碼行數等等寶貴資源，會使你的工作效率降低好幾個數量級，因此，了解如何明智地投資是相當重要的。

但也不要太相信我的話。有史以來最有影響力的電腦科學家之一Donald Knuth 對於過早優化的評價如下：

> 程式設計師將大量時間浪費在思考或擔心程式「非關鍵部分」的速度上，嘗試提高這部分的效率，對於考慮偵錯和維護時會實際產生很大的負面影響。我們應該要忽略小的效率提升，絕大部分（約佔97% 時間）的情況都應如此：過早優化是萬惡之源[原註]。

過早優化可能會以多種形式出現，因此為了探討這個問題，我們將會研究我曾遇到的六個常見案例，在這些案例中，你也可能會過早關注小的效率提升，進而減慢你的進度。

優化程式碼函數

在知道這些函數的使用率之前，不要花時間優化這些函數。假使你遇到一個無法忍受不去優化的函數，你對自己合理化說，使用樸素的方法是不好的程式設計風格，應該使用更有效率的資料結構或演算法來解決這個問題。你進入了「研究模式」並且花費了好幾小時研究和微調演算法，然而事實卻證明，這個函數在最終專案中只執行了幾次：優化並沒有帶來有意義的效能提升。

[原註] "Structured Programming with go to Statements," ACM Computing Surveys 6, no. 1 (1974).

優化功能

避免新增非絕對必要的功能並浪費時間去優化。假設你開發了一款智慧手機應用程式，可以將文本翻譯成摩斯密碼，且以閃爍的燈光來表示。你在第 3 章學到，最好的方法是要先實作 MVP，而不是建立具有許多可能不必要功能的精美成品。在這種情況下，MVP 會是一個簡單的 app，僅具有一個功能：將文本翻譯成摩斯密碼——透過簡單的輸入表單提供文本並點擊一個按鈕，app 就會將文本譯成摩斯密碼。但是，你認為 MVP 規則不適用於你的專案並決定新增一些額外功能：一個將文本轉換成語音（text-to-audio）的轉換器和一個將光源訊號轉換為文本的接收器。發布這個 app 後，你才意識到使用者從來沒用過這些功能。過早優化已經大幅減慢了你的產品開發週期速度，進而影響到即時整合使用者回饋。

優化規劃

若你過早優化規劃階段（planning phase），試圖對還沒發生的問題找出解決方案，可能會延遲接收到有價值的回饋。當然，你不應該完全避免規劃，但是膠著在規劃階段的代價也同樣很高昂；要將有價值的東西交付給現實世界，你必須接受不完美。你需要「使用者回饋」和來自測試者的「健全性測試」（sanity check）來找出重點。規劃可以幫助你避免某些陷阱，但是若不採取行動，你永遠無法完成你的專案，繼續停留在理論的象牙塔中。

優化可擴展性

在對受眾有一個實際的想法之前，過早優化應用程式的「可擴展性」可能會變成一個重大干擾因素，而且很容易就耗掉價值數萬美元的開發人員和伺服器時間。在預期有數百萬使用者的前提之下，你設計了一個分散式架構，必要時可以動態增加虛擬機器（virtual machine, VM）來處理尖峰負載（peak load）。但是，建立分散式系統是一項複雜且容易出錯的任務，很容易花費幾個月時間來實作。許多專案無論如何都會失敗；

即便你真的如同最大膽的夢想暗示的那樣成功，你將有很多機會隨著需求增加來擴展你的系統。而更糟糕的是，由於通訊和資料一致性的負擔增加，分散式系統可能會「降低」應用程式的可擴展性。可擴展的分散式系統是要付出代價的——你確定要付出這個代價嗎？在為第一個使用者提供服務之前，不要嘗試將系統擴展到數百萬個使用者。

優化測試設計

過早針對測試進行優化也是浪費開發人員時間的主要原因。測試驅動開發（TDD）有許多狂熱的擁護者，他們將「先實作測試再實作功能」的想法誤解為「永遠先寫測試」——即使程式碼函數的目的是純粹實驗，或者程式碼函數本身壓根就不適合進行測試。撰寫實驗程式碼是為了測試概念和想法，在實驗程式碼上再添加一層測試會損害進度，不符合快速原型設計（rapid prototyping）的理念。此外，假設你相信嚴格的 TDD 並堅持 100% 的測試覆蓋率，有一些函數——例如處理來自使用者的自由文本的函數——與單元測試結合時表現不佳，因為基於人類的輸入是不可預測的。對於這些函數，只有人類才能以有意義的方式對其進行測試——在這些情況下，真實使用者**是**唯一重要的測試。然而，你過早優化了單元測試的完美覆蓋率，而這種方法沒有什麼價值：不但使軟體開發週期速度變慢，同時還引入了不必要的複雜度。

優化物件導向的世界建置

物件導向的方法通常會引入不必要的複雜度和過早的「概念」優化。假設你想要使用複雜的類別階層架構為你的應用程式世界建模。你寫了一個關於賽車的小遊戲，建立一個類別階層架構，其中 Porsche 類別繼承自 Car 類別，Car 類別繼承自 Vehicle 類別。畢竟，每一輛保時捷都是一輛汽車，每一輛汽車都是一部交通工具。但是，多層級的類別階層架構會導致 codebase 變複雜，未來的程式設計師很難搞清楚程式碼的作用是什麼。在許多情況下，這種類型的堆疊繼承結構增加了不必要的複雜度。我們可以透過使用 MVP 思維來避免這樣的結果：從最簡單的模型開始，

僅在需要時擴展它。不要優化你的程式碼去模擬一個比應用程式實際需要更複雜的世界。

過早優化的一個故事

現在你對過早優化可能導致的問題已有了大致了解,讓我們編寫一個小型 Python 應用程式,以即時了解過早優化對不需要優雅擴展的小型交易追蹤 app 程式碼來說,如何為數千名使用者增加了不必要的複雜度。

Alice、Bob 和 Carl 每個星期五晚上都會玩撲克牌。玩了幾輪之後,他們決定需要開發一個系統來追蹤每個玩家在比賽之夜結束後所欠的錢。Alice 是一位熱情的程式設計師,她建立了一個追蹤玩家餘額的小應用程式,如清單 5-1 所示。

```python
transactions = []
balances = {}


❶ def transfer(sender, receiver, amount):
       transactions.append((sender, receiver, amount))
       if not sender in balances:
           balances[sender] = 0
       if not receiver in balances:
           balances[receiver] = 0
   ❷  balances[sender] -= amount
       balances[receiver] += amount

   def get_balance(user):
       return balances[user]

   def max_transaction():
       return max(transactions, key=lambda x:x[2])


❸ transfer('Alice', 'Bob', 2000)
❹ transfer('Bob', 'Carl', 4000)
❺ transfer('Alice', 'Carl', 2000)

   print('Balance Alice: ' + str(get_balance('Alice')))
```

```
    print('Balance Bob: ' + str(get_balance('Bob')))
    print('Balance Carl: ' + str(get_balance('Carl')))

    print('Max Transaction: ' + str(max_transaction()))

❻ transfer('Alice', 'Bob', 1000)
❼ transfer('Carl', 'Alice', 8000)

    print('Balance Alice: ' + str(get_balance('Alice')))
    print('Balance Bob: ' + str(get_balance('Bob')))
    print('Balance Carl: ' + str(get_balance('Carl')))

    print('Max Transaction: ' + str(max_transaction()))
```

清單 5-1：追蹤交易和餘額的簡單腳本

這個腳本有兩個全域變數，transactions 和 balances。串列 transactions 追蹤了每個比賽之夜玩家之間所發生的交易，而每筆交易都是由 sender 識別碼、receiver 識別碼和從 sender 送到 receiver 的 amount 所組成的元組 ❶。字典 balances 則追蹤了玩家的目前餘額：也就是根據目前的交易，將使用者識別碼映射到該使用者的點數 ❷。

函數 transfer(sender, receiver, amount) 建立了一個新的交易，並將其儲存在全域串列中，為 sender 和 receiver 建立新的餘額（如果它們還沒存在），並根據給定的 amount 更新餘額。函數 get_balance(user) 回傳了作為參數的使用者餘額，而 max_transaction() 遍歷了所有交易並回傳第三個元組元素中具有最大值的交易金額。

一開始所有餘額皆為零。應用程式從 Alice 轉了 2,000 單位給 Bob ❸，從 Bob 轉了 4,000 單位給 Carl ❹，再從 Alice 轉了 2,000 單位給 Carl ❺。此時，Alice 欠了 4,000（負餘額 -4,000），Bob 欠了 2,000，而 Carl 則有 6,000 單位。印出最大交易後，Alice 將 1,000 單位轉給 Bob ❻，Carl 將 8,000 單位轉給 Alice ❼。現在，帳戶金額已經改變了：Alice 有 3,000，Bob 是 -1,000，Carl 是 -2,000。而且，應用程式回傳了以下輸出：

```
Balance Alice: -4000
Balance Bob: -2000
Balance Carl: 6000
Max Transaction: ('Bob', 'Carl', 4000)
Balance Alice: 3000
Balance Bob: -1000
Balance Carl: -2000
Max Transaction: ('Carl', 'Alice', 8000)
```

但 Alice 不滿意這個應用程式。她意識到呼叫 max_transaction() 會導致重複計算——因為該函數被呼叫了兩次，腳本會遍歷 transaction 串列兩次以找到金額最大的交易。可是當第二次計算 max_transaction() 時，它會再一次執行部分相同的計算，遍歷所有交易以找到最大值——包括它已經知道的最大筆交易，即前三筆交易 ❸–❺。透過引入一個新變數 max_transaction，Alice 正確看到了一些「優化潛力」，該變數在建立新的交易時會追蹤目前為止看到的最大筆交易。

清單 5-2 顯示了 Alice 為實作此更改而新增的三行程式碼。

```
transactions = []
balances = {}
max_transaction = ('X', 'Y', float('-Inf'))


def transfer(sender, receiver, amount):
...
    if amount > max_transaction[2]:
        max_transaction = (sender, receiver, amount)
```

清單 5-2：應用優化來減少重複計算

變數 max_transaction 記錄目前所有交易中的最大交易金額，因此，不需要在每個比賽之夜後重新計算最大值。一開始，你將最大交易值設定為「負無窮大」，這樣第一筆真正的交易一定會比原始值大。每次新增一筆交易，程式都會將新的交易與目前最大值進行比較，如果新交易較大，則目前這筆交易就會成為目前的最大值。如果沒有優化，你在包含 1,000 個交易的串列中呼叫 max_transaction() 函數 1,000 次，就必須執行 1,000,000 次比較才能找到 1,000 個最大值，因為你遍歷了包含 1,000

個元素的串列 1,000 次（1,000 * 1,000 = 1,000,000）。藉由優化，你只需為每個函數呼叫檢索一次 max_transaction 中目前儲存的值。由於串列有 1,000 個元素，你最多需要 1,000 次操作以保持目前最大值，致使所需操作的數量減少了三個數量級。

許多 coder 無法抗拒實作這樣的優化，但它們的複雜度會增加。在 Alice 的例子中，她很快就會不得不追蹤一些額外的變數，來追蹤她的朋友可能感興趣的額外統計資料：min_transaction、avg_transaction、median_transaction 和 alice_max_transaction（追蹤她自己的最大交易值）。每個變數都會在專案中注入幾行程式碼，進而增加了出現 bug 的可能性。例如，要是 Alice 忘記在正確的位置更新變數，勢必得花費寶貴的時間來修復它。更糟的是，她可能會錯過這個 bug，導致 Alice 帳戶餘額損壞而損失幾百美元。她的朋友搞不好會懷疑 Alice 寫的程式碼是偏袒她自己！最後一點可能聽起來像開玩笑，但在現實世界中，風險更高。複雜度的長期效應（second-order consequence）會比更可預測的立即效應（first-order consequence）來得更嚴重。

如果 Alice 在沒有充分考慮這種優化是否為時過早的情況下，不去應用「潛在優化」方法，那麼所有這些潛在的問題都可以避免。該應用程式的目標是在三個朋友之間進行一個晚上的遊戲交易。實際上，頂多有幾百次交易和十幾次 max_transaction 呼叫，而非優化程式碼所設計的有數千次交易。Alice 的電腦可以瞬間執行未優化的程式碼，而 Bob 和 Carl 甚至都不會意識到程式碼是未優化的。此外，未優化的程式碼更為簡單，也更易於維護。

然而，假定訊息傳開了，一家依賴高效、可擴展性和長期交易歷史的賭場聯繫 Alice 請她實作同樣的系統。在那種情況下，她仍然可以解決重新計算最大值的瓶頸而不是快速追蹤。但現在她可以肯定，額外的程式碼複雜度確實是一項很好的投資；避免在應用程式不需要時進行優化，可以讓她省去許多不必要的過早優化。

效能調校的六大技巧

Alice 的故事不僅讓我們對實務上的過早優化有更清楚的概念，它還暗示了成功優化的正確方法。重要的是，記住，Donald Knuth 並沒有說優化「本身」是萬惡之源，相反的，真正的問題來自「過早」優化。如今 Knuth 的名言已廣為流傳，許多人誤以為他的論述是反對所有優化。而當時間點正確時，優化可能就是關鍵的重點了。

近幾十年來，技術的快速進展很大程度歸功於優化：晶片上的電路布局、演算法、軟體的易用性，都隨著時間不斷地得到優化。摩爾定律（Moore's law）指出，電腦晶片技術的改良使得運算變得格外便宜又有效率，這在很長一段時間內將呈指數級成長。晶片技術的「改進」擁有巨大潛力，不能將它們視為過早優化。如果它們為許多人創造價值，那麼優化就是進步的核心。

根據經驗，只有在有明確證據顯示（例如來自效能優化工具的評估結果）待優化的程式碼或函數確實是瓶頸之一，且 app 使用者會期待甚至要求更好的效能時，你才應該進行優化。優化 Windows 作業系統的啟動速度並不會被認為是「過早」的，因為它會直接加惠於數百萬使用者，而優化你 Web 應用程式的可擴展性則算過早，因為每月最多 1,000 名使用者，而他們只需要一個靜態網站。「開發」一個應用程式的成本並不像成千上萬使用者「使用」它的成本那麼高。如果你可以花一小時為使用者節省了幾秒鐘的時間，那就算是勝利！使用者的時間比你自己的時間更寶貴。這就是我們為何當初要使用電腦的原因——預先投入一些資源，之後得到更多資源。優化並未必是為時過早，有時候你必須先進行優化才能創造出有價值的產品——為什麼要費心交付一個未經優化、不會產生任何價值的產品呢？了解避免過早優化的幾個原因之後，我們現在要來檢視六個效能調校技巧，以幫助你選擇優化程式碼的方式和時間點。

先評估，再改進

請評估你的軟體效能，以便知道哪裡可以改進和哪裡應該改進。沒有經過評估的東西是無法改進的，因為你沒有去追蹤改進過程。

過早優化通常是在你進行評估「之前」就進行的優化，這正是「過早優化是萬惡之源」這個想法的直接基礎。你應該先評估過未優化程式碼的效能（如記憶體佔用或速度）後再進行優化，這是你的基準。舉例來說，如果你不知道原始執行時間，嘗試改進執行時間是沒有意義的。除非你從明確的基準開始，否則無法判斷你的「優化」是否實際增加了總執行時間或者是否沒有明顯效果。

作為評量效能的一般策略，請從編寫最直接、樸素且易於閱讀的程式碼開始。你可以將它稱為你的「原型」、「原始方法」或 MVP。在電子表格中記錄你的評量結果，這是你的第一個基準。建立替代程式碼解決方案並根據基準評量其效能。一旦你嚴謹地證明你的優化提高了程式碼效能，優化過的新程式碼就會成為你的新基準，所有後續改進都應該能夠超越它。如果優化不能顯著改善你的程式碼，就將它丟棄。

如此一來，你可以隨時追蹤程式碼的改進，還可以向你的老闆、同行甚至是科學社群記錄、證明和捍衛這個優化方法。

帕雷托為王

第 2 章討論的八二法則或稱帕雷托法則也適用於效能優化。有些功能會比其他功能佔用更多的資源，例如時間和記憶體佔用，因此專注於改善這類瓶頸將幫助你有效優化程式碼。

為了舉例說明在我的作業系統上，平行執行的不同程序之間存在高度不平衡，請看圖 5-1 中我目前的 CPU 使用情況。

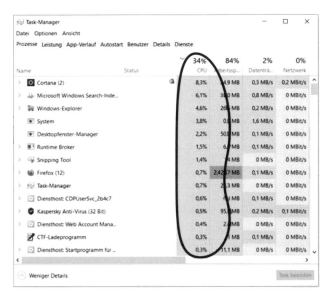

▲ 圖5-1：在 Windows PC 上所執行的不同應用程式，具有分布不均的 CPU 需求量。

如果用 Python 繪製它，你會看到類似帕雷托的分布，如圖 5-2 所示。

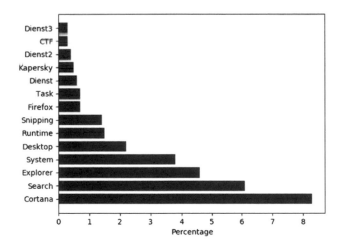

▲ 圖 5-2：Windows PC 上不同應用程式的 CPU 使用率。

　　一小部分的 app 程式碼需要很大比例的 CPU 使用率。如果我想降低電腦上的 CPU 使用率，我只需關閉 Cortana 和 Search，然後——看吧！很大一部分的 CPU 負載消失了，如圖 5-3 所示。

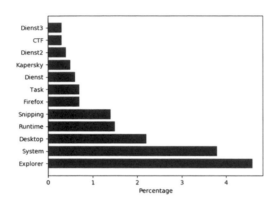

▲ 圖 5-3：透過關閉不需要的應用程式「優化」Windows 系統後的結果。

　　刪除兩個最最佔資源又耗時的任務可顯著降低 CPU 負載量，但請注意，新的圖乍看之下與第一個相似：有兩個任務仍然比其他任務佔用更多資源且耗時，但這次是 Explorer 和 System。這證明了效能調校的一個重要規則：效能優化是「碎形」（fractal）結構。你消除了一個瓶頸，就會發現另一個瓶頸正伺機而動。任何系統中都會有瓶頸，但如果你在它們出現時反覆將其移除，就能以最小的代價獲得最大的利益。在實際程式專案中，你會看到相同分布，相對較少的函數佔用了大部分資源（例如 CPU 週期）。通常，你可以將優化工作集中在佔用最多資源的瓶頸函數上，像是使用更複雜的演算法覆寫它或考慮避免計算的方法（例如，快取中間的結果）。當然，解決了目前瓶頸之後，下一個瓶頸就會出現；這就是為什麼你需要測量程式碼並決定何時停止優化的原因。舉例來說，將一個 Web 應用程式的回應時間從兩毫秒提高到一毫秒沒有多大意義，因為使用者無論如何都察覺不到差異。由於優化的「碎形」本質和帕雷托法則（參見第 2 章），取得這些小的效益通常需要投入大量努力和開發人員的時間，然而在可用性或應用程式效能方面可能不會產生什麼效益。

演算法優化才是王道

假使你已經決定你的程式碼需要進行特定的優化，因為使用者回饋和統計資料顯示你的應用程式太慢了。你以「秒」或「位元組」作為單位測量了目前速度，清楚知道你設定的目標速度，並且已經找到了瓶頸。下一步就是弄清楚如何克服這個瓶頸。

許多瓶頸可以透過調整「演算法和資料結構」來解決。想像你正在開發一個財務應用程式。你知道你的瓶頸是函數 calculate_ROI()，它遍歷潛在買賣點的所有組合以計算最大利潤。由於這個函數是整個應用程式的瓶頸，因此你想為它找到一個更好的演算法。經過一番研究，你發現了「最大利潤演算法」，這是一種簡單而強大的替代演算法，可以顯著加快你的計算速度。你也可以對導致瓶頸的資料結構進行相同的研究。

要減少瓶頸並優化效能，請問問自己：

- 你能否找到已經證明是更好的演算法——例如，從文獻、研究論文甚至維基百科中？
- 你能否針對你的特定問題調整現有演算法？
- 你能改進資料結構嗎？有一些常見的簡單解決方案包括使用「集合」而不是「串列」（例如，在集合裡檢查成員資格比在串列中檢查要快得多），或是使用「字典」而不是「元組」的集合。

花時間研究這些問題對你的應用程式和你自己都有好處。在此過程中，你會成為更優秀的電腦科學家。

所有人都愛「快取」

一旦根據前面的提示進行任何必要的更改後，你可以接著使用這個應急的快速小技巧來刪除不必要的計算：將你已經執行的一部分計算結果儲存在快取中。這個技巧對各種應用程式的效果出奇地好。在執行任何新的計算之前，先檢查快取，查看你是否已經完成了該計算。這類似於在腦中進行簡單計算——某種程度上，你並沒有「實際」在腦中計算 6 *

5，而是依靠記憶將結果立刻提供給你。因此，唯有當相同類型的中間計算在整個應用程式中多次出現時，使用快取才有意義。所幸，這適用於多數真實應用程式——例如，成千上萬的使用者可能在同一天觀看同一支 YouTube 影片，因此將它快取在靠近使用者的地方（而不是在數千英里外的遠端資料中心），可以節省稀缺的網路頻寬資源。

讓我們探索一個簡短的程式碼範例，其中快取會帶來顯著的效能強化：費氏演算法（Fibonacci algorithm）。

```python
def fib(n):
    if n < 2:
        return n
    fib_n = fib(n-1) + fib(n-2)
    return fib_n


print(fib(100))
```

這段程式碼會重複輸出序列的「最後一個」和「倒數第二個」元素相加的值，直到第 100 個序列元素的結果出現：

```
354224848179261915075
```

這個演算法很慢，因為函數 fib(n-1) 和 fib(n-2) 計算的內容大致相同。例如，兩者分別計算第 (n-3) 個費氏元素，而不是重複使用彼此的結果進行此計算。這種重複計算的累積效應很明顯——即使是這樣的簡單函數呼叫，計算時間也太長了。

此處提高效能的一種方法是建立快取。**快取（caching）** 允許你儲存先前的計算結果，所以在這種情況下，fib2(n-3) 只計算一次，當你再次需要它時，可以立即從快取中取得結果。

在 Python 中，可以透過建立一個「字典」來建立一個簡單的快取，在字典中將每個函數輸入（例如將其作為輸入字串）與函數輸出相關聯，然後可以要求快取給你已執行的計算。

以下是 Python 的費氏快取變體：

```python
cache = dict()

def fib(n):
    if n in cache:
        return cache[n]
    if n < 2:
        return n
    fib_n = fib(n-1) + fib(n-2)
❶ cache[n] = fib_n
    return fib_n


print(fib(100))
# 354224848179261915075
```

你將 fib(n-1) + fib(n-2) 的結果儲存在快取中 ❶。如果你已經有了第 n 個費氏數列的結果，你可以從快取中提取它，而不是一次又一次重新計算。在我的機器上，計算前 40 個費氏數列時就已將速度提高了近 2,000 倍！

有效快取有兩種基本策略：

提前（離線）執行計算並將其結果儲存在快取中。

對於 Web 應用程式來說，這是一個很好的策略，你可以一次或一天一次填充大型快取，然後將預先計算的結果提供給使用者。對於他們來說，你的計算速度快得驚人。地圖服務就大量使用了這個技巧來加快最短路徑的計算。

當他們出現時（上線）執行計算並將其結果儲存在快取中。

一個例子是線上比特幣（Bitcoin）的地址檢查器，它將所有傳入的交易相加，並扣除所有傳出交易，來計算給定比特幣地址的餘額。完成後，它可以快取該地址的中間結果，以避免當同一名使用者再次檢查時重新計算相同的交易。這種響應形式（reactive form）是最基本的快取形式，不需提前決定要執行哪些計算。

上述兩種情況，你儲存的計算愈多，**快取命中（cache hit）**的可能性就愈高，其相關計算可以立即回傳。但是，由於可以儲存的快取記錄數量通常有記憶體的限制，因此你需要一個明智的「快取置換策略」（cache replacement policy）：由於快取的大小有限，很快就會填滿。這時候，快取只能藉由置換舊值來儲存新值。常見的置換策略是**先進先出（first in, first out, FIFO）**，也就是用新的快取記錄置換掉最舊的記錄。怎麼樣才是最佳策略取決於具體應用，但 FIFO 基本上是個好做法。

少即是多

你的問題是否很難有效地解決？那就讓它變得更容易吧！顯然是要這樣沒錯，但很多 coder 都是完美主義者。他們接受巨大的複雜度和運算的額外負擔，只是為了實作一個使用者甚至可能不會注意到的小功能。與其優化，通常更好的做法是降低複雜度並擺脫不必要的功能和計算。想想搜尋引擎開發人員面臨的問題，例如：「某個搜尋查詢的完美匹配結果是什麼？」為此類問題找到最佳解決方案十分困難，況且還要搜尋數十億個網站。然而，像 Google 這樣的搜尋引擎並非以最佳方式解決這個問題；而是使用啟發式演算法（heuristics）在有限時間內盡力而為。他們沒有將使用者的搜尋查詢與數十億個網站進行匹配，而是透過粗略的啟發式演算法去估算網站的個別品質（像是著名的 PageRank 演算法），專注於幾個高機率的結果，如果沒有其他高品質網站回答查詢，諮詢次優網站。在大多數情況下，你也應該使用啟發式演算法而不是最佳演算法。問問自己以下這些問題：你目前的瓶頸是什麼？它為什麼存在？無論如何都值得你努力去解決問題嗎？你可以刪除該功能或提供縮簡版本嗎？如果該功能只有 1% 使用者會用，但所有使用者都感受到延遲增加了，那麼或許是時候進行一些簡約改變了（刪除幾乎不會使用到但會帶來不良體驗的功能）。

為了簡化你的程式碼，思考一下執行以下操作是否有意義：

- 跳過該功能即可完全消除目前的瓶頸。

- 用較簡單的問題替換原本的問題以簡化它。

- 根據八二法則，去掉一個昂貴的功能，新增十個便宜的功能。

- 省略一個重要功能，以便追求比它更重要的功能；考慮機會成本。

知道什麼時候停止

效能優化可能是編寫程式最耗時的面向之一。總是有改進的空間，但是一旦你已經用盡了相對容易實作的技巧，要進一步提升效能往往需要投入更大的努力。到了某個時間點，提升效能只是浪費你的時間。

你可以定期問自己：持續優化是否值得？通常可以藉由研究 app 的使用者來找到答案。他們需要什麼樣的效能？他們察覺得到 app 原始版本和優化版本之間的差別嗎？有人抱怨過效能不佳嗎？回答這些問題可以讓你粗略估計 app 的最大執行時間。現在，你可以開始優化瓶頸，直到達到此閾值（threshold），然後就可以停下來了。

結論

在本章中，你學到了為什麼避免過早優化很重要。如果優化消耗的價值大於其增加的價值，則優化就是「過早」。根據專案的不同，價值通常可以用開發人員時間、易用性指標、應用程式或功能的預期效益或其對使用者子群組的效用來衡量。舉例來說，如果優化可以為成千上萬的使用者節省時間或金錢，那麼它就不算是過早優化，即便你必須花費大量的開發人員資源來優化整個 codebase。然而，如果優化不能導致使用者或程式設計師的生活品質出現明顯差異，那麼很可能就是過早優化。沒錯，在軟體工程過程中有許多更進階的模型，不過，具備「過早優化之危險性」的常識和一般認知就能幫助到你，不需要去研究軟體開發模型

的精裝書或研究論文。舉例來說，一個有用的經驗法則是，從一開始就編寫可讀的 clean code，而且不要太在意效能，然後根據經驗、效能追蹤工具的確切事實和使用者研究的實際情況，來優化具有高期望值的部分。

在下一章中，你將了解「心流」的概念——程式設計師最好的朋友。

6

心流

「心流」是實現人類終極表現的核心因素。
—Steven Kotler

　　在本章中，你將學到心流（flow）的概念以及如何使用它來提高程式設計效率。許多程式設計師發現自己在辦公室環境中不斷被會議和其他轉移注意力的事物所干擾，幾乎不可能讓他們進入純粹的高效程式設計狀態。要更深入了解心流是什麼以及如何在實務中達到這種狀態，我們將在本章研究許多範例，但一般來說，「心流」是一種純粹專心和專注的狀態——有些人會稱之為「進入狀態」（being in the zone）。

　　心流不是一種嚴格規劃好的概念，而是一種可以應用於任何領域、任何任務的狀態。我們來看看你如何才能達到心流狀態，以及它對你有何用處。

心流是什麼？

心流的概念為 Mihaly Csikszentmihalyi（發音為「chick-sent-me-high」）大力推廣，他是克萊蒙研究大學（Claremont Graduate）心理學和管理學的特聘教授，曾任芝加哥大學心理學系主任。1990 年，Csikszentmihalyi 出版了一本關於他致力一生的開創性著作，書名恰如其分地取名為《心流》（Flow）。

但什麼是心流？讓我們從主觀感受的定義開始。之後，你會學到更具體、可以衡量的心流定義——身為一名 coder，你會更喜歡第二種定義！

體驗心流是指完全沉浸在手上的任務中：專注且專心一意。你會忘了時間，完全進入狀態，而且是具高度意識狀態。你可能會感受到一股狂喜的感覺，掙脫了日常生活中的所有負擔。你內心的清晰度逐漸增加，你對於自己接下來要做什麼十分清楚明瞭——這些活動會很自然地一個接著一個進行下去。你對自己完成下一個活動的能力充滿堅定不移的信心。完成活動本身就是獎勵，因而你享受著每分每秒。你的表現和結果都會快速飆升。

根據 Csikszentmihalyi 的心理學研究，心流狀態有六個組成部分：

注意力　你感受到一股深深的專注感和完全集中。

行動　你渴望行動，並快速有效地推進目前任務——你專注的意識有助於增加動力。每一個行動都影響下一個行動，進而形成一個成功行動的流程。

自我　你變得更加忘我，關閉內心的自我批評、懷疑和恐懼。你比較少考慮到自己（**反思**），而是多考慮手上的任務（**行動**）；你完全沈浸在當下的任務中。

控制　即使你的自我意識較低，愈來愈能掌控當下情況的感覺讓你樂在其中，帶給你平靜自信，讓你跳出框架思考並開發創造性的解決方案。

時間　你不會感受到時間流逝。

獎勵　你只想做這個活動；或許沒有外部獎勵，但沉浸在活動中本身就是一種內在的獎勵。

「**心流**」一詞和「**注意力**」一詞密切相關。2013 年一份關於注意力不足過動症（attention deficit hyperactivity disorder, ADHD）的論文中，Rony Sklar 指出「注意力不足」一詞錯誤地暗示患有這種疾病的患者無法集中注意力。心流的另一個同義詞是「**極度專注**」（hyperfocus），許多心理學研究人員已經證明 ADHD 患者能夠達到極度專注的狀態（Kaufmann 等人，2000 年）；他們只是對持續關注沒有回報的任務有困難。你不需要被診斷出患有 ADHD 才知道很難專注在不喜歡做的事情上吧。

但是，如果你曾經在玩緊張刺激的遊戲、編寫有趣的應用程式或觀看有趣的電影時完全忘了自我——你就會明白，只要喜歡一個活動，達到心流狀態是多麼地容易。在心流狀態下，你的身體會釋放出五種「感覺良好」的神經化學物質，像是腦內啡、多巴胺和血清素。這就像體驗服用娛樂性藥物[編註]的「好處」，但沒有一些負面後果——即使 Csikszentmihalyi 也警告過心流可能會讓人上癮。學習進入心流狀態會讓你更聰明、更有效率——如果你成功地將心流活動引導到程式設計這類有生產力的工作當中。

現在，你可能會問：給我看看實際的做法吧——我要如何取得心流呢？接下來我們就來回答這個問題！

[編註]　娛樂性藥物（recreational drug）是指非治療目的的精神藥物，藉由改變意識、情緒或感知狀態來引起愉悅或放鬆感，如鎮靜劑、迷幻藥或興奮劑。

如何實現心流

Csikszentmihalyi 列出了實現心流的三個條件：（1）你的目標必須明確，（2）你所在環境中的回饋機制必須即時，以及（3）機會和能力之間必須保持平衡。

明確的目標

如果你在寫程式，必須有一個明確的目標，所有小行動都應朝向此目標進行。在心流狀態下，每一個行動自然而然引導到下一個行動，再到下一個，所以必須有一個最終目標。人們在玩電腦遊戲時經常會進入一種心流狀態，因為如果你在小行動上成功了——比如跳過一個移動的障礙物——最終就會在大目標上成功——比如過關。要使用心流來提升你的程式設計生產力，必須有一個明確的專案目標。每一行程式碼都讓你更接近成功完成更大的程式專案。追蹤你編寫的程式碼行數是將寫程式工作遊戲化的一種方法！

回饋機制

回饋機制獎勵期望的行為並且懲罰不期望的行為。機器學習工程師知道，需要一個很好的回饋機制來訓練高效能的模型，例如，你可以透過獎勵機器人每秒不跌倒並要求它優化最大總獎勵來教它如何走路。隨著時間進展，機器人可以自動調整動作以獲得最大獎勵。人類在學習新事物時也有非常類似的行為，我們從父母、老師、朋友或導師——甚至我們不喜歡的鄰居——身上尋求讚賞，並調整我們的行為以最大化讚賞同時最小化（社會）懲罰。藉由這種方式，我們學會採取特定行動並避免其他不當行動。接收回饋對於這種學習方式來說是至關重要的。

回饋是心流的先決條件。想在你的工作天實現更多心流，請尋求更多回饋。每週與專案合作夥伴會面，討論你的程式碼和專案目標，然後採納合作夥伴的回饋。

在 Reddit 或 StackOverflow 上發布你的程式碼並尋求回饋，儘早並經常發布你的 MVP 以接收使用者回饋。為程式設計工作尋求回饋非常有效，即使是一種延遲的滿足，因為它會提高你在活動中之參與度。在我發布 Finxter（我的 Python 學習軟體 app）之後，我開始收到源源不斷的使用者回饋，深深為此所著迷。回饋讓我不斷回去檢視程式碼，並讓我在改進 app 的程式碼時多次進入心流狀態。

平衡機會與能力

心流是一種積極正向的心態。如果任務太簡單，你會感到無聊並失去沉浸感；如果太難，你又會早早認輸。這項任務必須具有挑戰性，同時不能困難到讓人不知所措。

圖 6-1 顯示了可能的心理狀態圖；此圖像取自 Csikszentmihalyi 的原始研究並重新繪製。

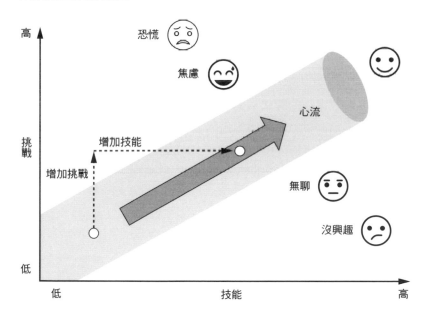

▲ 圖 6-1：在心流狀態下，你會發現以你目前的技能程度來說，挑戰既不太難也不太容易。

x 軸從低到高量化你的技能程度，y 軸從低到高量化給定任務的難度。因此，舉例來說，如果任務對你來說太難了，你會感到恐慌，如果太容易了，你會沒興趣。但如果一項任務的難度符合你目前的技能程度，就會最大化獲得心流的可能性。

訣竅是，在不達到焦慮程度的情況下，不斷尋求更艱鉅的挑戰，並依照挑戰提高你的技能程度。這種學習循環讓你處於一個正向循環當中，朝著愈來愈高的生產力和技能進展，同時也更加享受工作。

Coder 的心流技巧

Owen Schaffer 於 2015 年出版的《創造有趣的使用者體驗：促進心流的方法》（Crafting Fun User Experiences: A Method to Facilitate Flow）白皮書中，確定了這七個心流條件：（1）知道該做什麼，（2）知道怎麼做，（3）知道會做得多好，（4）知道朝什麼方向，（5）尋求挑戰，（6）努力提高技能以克服高挑戰，以及（7）讓自己擺脫干擾（Human Factors International）。根據這些條件和我自己的考量，我整理了一些快速的技巧和策略，以獲得更適合程式碼撰寫領域的心流狀態。

永遠進行實用的程式專案，而不是將時間花在漫無目的的學習狀態中。當新資訊對你關心的事情真正有影響，你可以更快地吸收。我建議將學習時間分成—— 70% 用於你選擇的實用有趣專案上，30% 用於閱讀書籍、學習資源或觀看教學課程。與 Finxter 社群數萬名 coder 的個人互動和通信聯繫中，我了解到，很大一部分寫程式的學生都有這種落後的狀態並陷於學習循環中，從來沒有準備好投入真正的專案。總是會聽到一樣的故事：這些 coder 仍然停留在程式設計理論，在沒有實際應用的情況下不停學習，讓他們更加意識到自己知識有限——陷入一種無力前進的負面循環中。解套方法是設定明確的專案目標，且無論如何都要推動專案完成。這與心流三個先決條件之一相吻合。

從事有趣的專案來滿足你的目的。心流是一種興奮的狀態,所以你必須對你的工作感到興奮。如果你是一名專業 coder,請花時間思考你的工作目的。找出你的專案價值。如果你正在學習寫程式,你很幸運可以選擇一個讓你覺得興奮的有趣專案!從事對你有意義的專案將獲得更多樂趣、更高的成功機率以及更強的韌性應對暫時挫敗。如果你一覺醒來就迫不及待開始進行專案,你知道心流就在眼前了。

發揮你的優勢。管理顧問 Peter Drucker 的這條建議非常有價值。你的弱點總是比優點多,在大多數活動中,你的技能都低於平均水準。如果你專注於自己的弱點,那麼你註定會失敗。反之,請專注在你的優點上,在你佔有優勢的領域發展並強化技能,並忽略你大部分的弱點。你有什麼獨特的優勢?你對電腦科學的廣泛領域有哪些具體的興趣?列出清單來回答這些問題。其中一個對你進步最有利的活動是發掘你的長處,然後毫不留情地將你的一天安排在這些強項上。

安排長時間專注撰寫程式碼。這會給你足夠的時間去理解眼前的問題和任務——每個 coder 都知道充分理解一個複雜的程式專案是需要時間的——然後才能融入到任務的節奏中。假設 Alice 和 Bob 在進行一個特定的程式專案,他們需要花 20 分鐘瀏覽專案、深入幾個程式碼函數並考慮全局,才能進入完全理解該程式專案需求的狀態。Alice 每三天花三個小時在這個專案上,而 Bob 每天花一個小時。誰將在專案中取得更大進展?Alice 平均每天在該專案上工作 53 分鐘([3 小時 –20 分鐘]/3)。由於固定載入時間較長,Bob 每天只花 40 分鐘在專案上,因此,在所有其他條件相同的情況下,Alice 每天比 Bob 多花了 13 分鐘,她更有可能進入心流狀態,因為她可以更深入研究問題並完全沉浸在其中。

在心流時間裡消除干擾。這點看似明顯,但卻很少人做到!能夠減少干擾(社群網路、娛樂 app、同事閒聊)的 coder,比不能做到的

coder 更容易取得心流。想要成功，你必須做大多數其他人不願意做的事情：關閉干擾。關掉手機，關閉社群軟體的按鈕。

除了手上的任務，**去做那些明顯需要做的事情**：充足的睡眠、健康的飲食和定期的運動。身為一名 coder，你很清楚什麼是「garbage-in, garbage-out」（垃圾進，垃圾出）：如果你餵系統錯誤的輸入，就會得到錯誤的結果。試著用腐爛的食物煮一道美味菜餚──根本不可能嘛！高品質的輸入才會導致高品質的輸出。

使用高品質的資訊，因為輸入品質愈好，輸出品質也愈好。閱讀程式設計書籍而不是沒營養的部落格文章；更棒的做法是，閱讀在頂級期刊上發表的研究論文，那裡有最高品質的資訊。

結論

總結來說，這裡介紹了一些你可以開始嘗試獲得心流的最簡單方法：花大量時間，專注於一項任務，維持健康和適當的睡眠，設定明確的目標，找到你喜歡做的工作，並積極地尋求心流。

如果你渴望心流，你終究會找到它。如果你每天系統性地在心流狀態下工作，你的工作效率就會呈數量級快速成長。對於程式設計師和其他知識工作者來說，這是一個簡單卻強大的概念。正如 Mihaly Csikszentmihalyi 所說：

> 我們生命中最美好的時刻不是被動、接受、放鬆的時刻…最棒的時刻通常發生在一個人的身體或思想在自發性努力中達到極限時，完成了艱難但很有價值的事情。

在下一章中，你將深入了解關於「做好一件事」的 Unix 哲學，此原則已被證明不僅是建立可擴展作業系統的絕佳方式，也是一種美好的生活方式！

參考資料

Troy Erstling, "The Neurochemistry of Flow States," *Troy Erstling* (blog), *https://troyerstling.com/the-neurochemistry-of-flow-states/*.

Steven Kotler, "How to Get into the Flow State," filmed at A-Fest Jamaica, February 19, 2019, Mindvalley video, *https://youtu.be/XG_hNZ5T4nY/*.

F. Massimini, M. Csikszentmihalyi, and M. Carli, "The Monitoring of Optimal Experience: A Tool for Psychiatric Rehabilitation," *Journal of Nervous and Mental Disease* 175, no. 9 (September 1987).

Kevin Rathunde, "Montessori Education and Optimal Experience: A Framework for New Research," *NAMTA Journal* 26, no. 1 (January 2001): 11-43.

Owen Schaffer, "*Crafting Fun User Experiences: A Method to Facilitate Flow*," Human Factors International white paper (2015), *https://humanfactors.com/hfl_new/whitepapers/crafting_fun_ux.asp*.

Rony Sklar, "Hyperfocus in Adult ADHD: An EEG Study of the Differences in Cortical Activity in Resting and Arousal States" (MA thesis, University of Johannesburg, 2013), *https://hdl.handle.net/10210/8640*.

7

做好一件事及
其他的 UNIX 原則

「所謂的 Unix 哲學就是：編寫只專注做好一件事的程式；
編寫程式以協作；編寫程式來處理文本串流（text stream），
因為那是一個通用介面。」

—Douglas McIlroy

Unix 作業系統的主要哲學很簡單：做好一件事。這表示，舉例來說，
比起嘗試同時解決多個問題，建立可靠且高效率解決一個問題的函數或模
組通常會更好。在本章後面，你將看到一些「做好一件事」的 Python 程
式碼範例，並了解 Unix 哲學如何應用於程式設計。接著我會介紹一些世
界上最有成就的電腦工程師在建立當今作業系統時採用的最高原則。如果
你是一名軟體工程師，你將獲得寶貴的建議幫助你編寫出更好的專案程式
碼。

但最重要的是：Unix 到底是什麼，為什麼要在意它？

Unix 的興起

Unix 是一種設計理念，啟發了當今許多最流行的作業系統，包括 Linux 和 macOS。Unix 作業系統家族出現於 1970 年代後期，當時 Bell Systems 公司將其技術的原始碼向大眾公開。從那時候起，大量擴展內容和新版本被許多大學、個人和公司陸續開發出來。

今天，已註冊商標的「Unix 標準」證明了作業系統滿足特定的品質要求。Unix 和類 Unix（Unix-like）作業系統對計算產生了重大影響，約有十分之七的 Web 伺服器在以 Unix 為基礎的 Linux 系統上執行，如今大多超級電腦都在 Unix 基礎的系統上執行，連 macOS 也是註冊的 Unix 系統。

Linus Torvalds、Ken Thompson、Brian Kernighan——Unix 開發人員和維護人員的名單上包含了世界上最有影響力的 coder 名字。你會認為，一定有一個偉大的組織系統來讓世界各地的程式設計師協作，以建立包含數百萬行程式碼的龐大 Unix 生態系統。沒錯！實作這種協作規模的理念，縮寫為 DOTADIW（do one thing and do it well）——**做一件事並把它做好**。有很多書都在講 Unix 哲學，所以我們在這裡只關注最相關的想法，並使用 Python 程式碼片段來展示一些例子。據我所知，從來沒有一本書將 Unix 原則與 Python 程式語言結合起來。那麼，讓我們開始吧！

哲學總覽

Unix 哲學的基本思想是建立簡單、清晰、簡潔、易於擴展和維護的模組化程式碼。這可以表示很多不同的事情——本章稍後會詳細介紹——但目標是將「可讀性」置於效率之上、將「可組合性」置於整體設計之上，讓許多人能夠在 codebase 上協作。整體應用程式的設計沒有模組化，意思是如果不存取整個應用程式，就無法重用、執行或偵錯大部分的程式碼邏輯。

假設你編寫了一個程式，該程式採用 URL（uniform resource locator，統一資源定位器，俗稱網址）並在命令列上從該 URL 印出 HTML。我們稱這個程式為 url_to_html()。根據 Unix 哲學，這個程式應該要做好一件事，就是從 URL 中取得 HTML 並將其輸出到 shell（見清單 7-1），就是這樣！

```python
import urllib.request


def url_to_html(url):
    html = urllib.request.urlopen(url).read()
    return html
```

清單 7-1：從給定 URL 讀取 HTML 並傳回字串的簡單程式碼函數

這就是你所需要的。不要增加更多功能，例如過濾標籤（tag）或修復 bug。舉例來說，你可能想增加程式碼來修復使用者可能犯的常見錯誤，像是忘記關閉標籤（如：未被 </span> 關閉的 <span> 標籤），如下列粗體所示：

```html
<a href='nostarch.com'><span>Python One-Liners</a>
```

根據 Unix 哲學，即使你發現了這些類型的錯誤，你也不會在這個特定的函數中修復它們。

這個簡單的 HTML 函數的另一個誘惑是「自動修復格式」。例如，下面的 HTML 程式碼看起來並不漂亮：

```html
<a href='nostarch.com'><span>Python One-Liners</span></a>
```

你可能會更喜歡這種程式碼格式：

```html
<a href='nostarch.com'>
    <span>
        Python One-Liners
    </span>
</a>
```

　　但是，你的函數名稱是 url_to_html()，不是 prettify_html()。新增諸如程式碼美化之類的特性將會增加某些使用者不需要的第二個功能。

　　相反的，我們鼓勵你建立另一個名為 prettify _html(url) 的函數，它要做的「一件事」就是修復 HTML 的風格問題。此函數可以在進一步處理之前，先在內部使用 url_to_html() 函數來取得 HTML。

　　透過將每個函數都集中在一個目的上，你可以提高程式碼的「可維護性」和「可擴展性」。一個程式的輸出是另一個程式的輸入。你降低了複雜度，避免輸出混亂，而且專注於做好一件事。

　　雖然單一子程式可能看起來很小，甚至微不足道，但你可以組合這些子程式來建立更複雜的程式，同時讓它們易於偵錯。

15 條有用的 Unix 原則

接下來，我們將深入探討與當今最相關的 15 條 Unix 原則，並且盡可能在 Python 範例中實作它們。我從 Unix 程式設計專家 Eric Raymond 和 Mike Gancarz 那裡整理出這些原則，並將它們應用到現代 Python 程式設計中；你會注意到，其中有許多原則與本書中的其他原則相符或重疊。

第 1 條：讓每個函數做好一件事

Unix 哲學的首要原則是**「做好一件事」**。讓我們看看在程式碼中會是什麼樣子：在清單 7-2 中，你實作了一個函數 display_html()，它將 URL 作為字串並在該 URL 上顯示美化後的 HTML。

```
import urllib.request
import re


def url_to_html(url):
    html = urllib.request.urlopen(url).read()
    return html

def prettify_html(html):
```

```
        return re.sub('<\s+', '<', html)

def fix_missing_tags(html):
    if not re.match('<!DOCTYPE html>', html):
        html = '<!DOCTYPE html>\n' + html
    return html

def display_html(url):
    html = url_to_html(url)
    fixed_html = fix_missing_tags(html)
    prettified_html = prettify_html(fixed_html)
    return prettified_html
```

清單 7-2：讓每個函數或程式做好一件事

該程式碼如圖 7-1 所示。

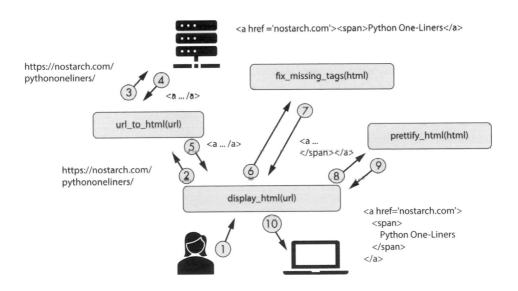

▲ 圖 7-1：概述多個簡單函數—每個函數都做好一件事—共同完成更大的任務。

此程式碼提供了一個範例實作，它在函數 display_html 中執行以下步驟：

1. 從給定的 URL 位置取得 HTML。

2. 修復一些缺失的標籤。

3. 美化 HTML。

4. 將結果回傳給函數呼叫者。

如果你執行的 URL 程式碼指向著不太漂亮的 HTML 程式碼「< 　　　　a href="https://finxter.com">Solve next Puzzle</a>」，則函數 display_html 將會透過代理小程式碼函數的輸入和輸出，來修復這個不良（且不正確）格式化的 HTML，因為它們每一個都做好它該做的一件事。

你使用此行印出 main 函數的結果：

```
print(display_html('https://finxter.com'))
```

此程式碼會將帶有新標籤的 HTML 程式碼輸出到你的 shell，並刪除多餘的空格：

```
<!DOCTYPE html>
<a href="https://finxter.com">Solve next Puzzle</a>
```

將整個程式想像成終端機中的瀏覽器。Alice 呼叫了函數 display_html(url)，該函數接受 URL 並將其傳遞給另一個函數 url_to_html(url)，該函數從給定的 URL 位置收集 HTML，無需實作兩次相同的功能。幸好，coder 將函數 url_to_html() 保持最小，這樣你就可以將它回傳的 HTML 直接作為輸入傳遞給函數 fix_missing_tags(html)。在 Unix 術語中，這稱為**管道輸送（piping）**：一個程式的輸出作為輸入傳遞給另一個程式。fix_missing_tags() 的回傳值是固定的 HTML 程式碼，帶有原始 HTML 中缺少的結束 </span> 標籤。然後，你將輸出透過管道傳遞給函數 prettify_html(html) 並等待結果：更正過後的 HTML 縮排更容易使用多

了。唯有這樣，函數 display_html(url) 才會將美化後和固定的 HTML 程式碼回傳給 Alice。你會看到一系列連接在一起的小函數完成了龐大的任務！

在你的專案中，你可以實作另一個不美化 HTML 而只新增 `<!DOCTYPE html>` 標籤的函數，然後可以再實作第三個函數來美化 HTML 但不新增新標籤。保持著小規模，你可以輕鬆地根據現有函數建立新程式碼，而且不會有太多重複。程式碼的模組化設計實現了可重用性、可維護性和可擴展性。

將此版本與可能的整體實作進行比較，其中函數 display_html(url) 必須自己完成所有這些小任務。你不能部分重用該功能，例如從 URL 檢索 HTML 程式碼或修復錯誤的 HTML 程式碼。如果你使用的是自行完成所有工作的整體程式碼函數，它看起來會像這樣：

```python
def display_html(url):
    html = urllib.request.urlopen(url).read()
    if not re.match('<!DOCTYPE html>', html):
        html = '<!DOCTYPE html>\n' + html
    html = re.sub('<\s+', '<', html)
    return html
```

該函數現在更加複雜了：它處理多項任務而不是專注於一項任務上。更糟糕的是，如果你實作同一函數的變體而不刪除起始標籤「<」後的空格，你就必須複製貼上剩餘的程式碼，這將導致程式碼冗餘且降低可讀性。新增的功能愈多，它就會變得愈糟！

第 2 條：簡單勝於複雜

「**簡單勝於複雜**」是整本書的首要原則。你已經在許多不同的範例中見證到了——我強調這一點是因為，如果你不採取果斷的行動來簡化，就會滋生複雜度。在 Python 中，「簡單勝於複雜」的原則甚至被寫入了非

官方的規則手冊。如果你打開一個 Python shell 並輸入 import this，將得到著名的「**Python 之禪**」（Zen of Python）[編註]，見清單 7-3。

```
> import this
The Zen of Python, by Tim Peters

Beautiful is better than ugly.
Explicit is better than implicit.
Simple is better than complex.
Complex is better than complicated.
Flat is better than nested.
Sparse is better than dense.
Readability counts.
Special cases aren't special enough to break the rules.
Although practicality beats purity.
Errors should never pass silently.
Unless explicitly silenced.
In the face of ambiguity, refuse the temptation to guess.
There should be one-- and preferably only one --obvious way to do it.
Although that way may not be obvious at first unless you're Dutch.
Now is better than never.
Although never is often better than *right* now.
If the implementation is hard to explain, it's a bad idea.
If the implementation is easy to explain, it may be a good idea.
Namespaces are one honking great idea -- let's do more of those!
```

清單 7-3：Python 之禪

　　既然我們已經詳細介紹了簡單性的概念，因此我不會在這裡再次討論。如果你還想知道**為什麼**簡單比複雜好，請回到第 1 章重新閱讀高複雜度如何損害你的生產力。

[編註] 「Zen of Python」由 Tim Peters 在 Python 開發者社群中廣泛流傳，以一種簡潔而易於理解的方式概括了 Python 社群推崇的設計原則和最佳實作方法，被奉為 Python 編寫程式的指南。

第 3 條：小即是美

與其編寫大程式碼區塊，不如編寫小函數，並以一名架構師的角色去協調這些小型函數之間的互動，如圖 7-1 所示。保持程式小巧玲瓏的三個主要原因：

❑ **降低複雜度。**

程式碼愈長，愈難以理解。這是一個認知事實：你的大腦只能同時追蹤這麼多資訊區塊，過多的資訊讓人很難看清楚全貌。透過減少函數中的程式碼行數，可以**提高可讀性**並降低將代價高昂的 bug 注入 codebase 的可能性。

❑ **提高可維護性。**

將程式碼結構化為許多小的功能片段，可以使其更易於維護。新增更多的小函數不太可能產生副作用，反之，在一個單一的大程式碼區塊中，你所做的任何更改很容易產生意想不到的全局影響，尤其是當多個程式設計師同時處理程式碼時。

❑ **提高可測試性。**

許多現代軟體公司使用**測試驅動開發（TDD）**，它涉及了使用「單元測試」對每個函數和單元的輸入進行壓力測試，並將輸出與預期輸出進行比較。這麼做可以讓你找出 bug 並將它隔離。單元測試在小程式碼中更有效且更容易實作，其中每個函數只關注一件事，因此你知道預期結果應該是什麼。

比起 Python 中的小程式碼範例，Python 本身就是這個原則的最佳例子。任何厲害的 coder 都會使用其他人的程式碼來提高他們寫程式的效率。數以百萬計的開發人員投注了無數時間在優化程式碼，你可以瞬間將這些程式碼匯入到自己的程式碼中。與多數其他程式語言一樣，Python 透過函式庫提供此功能。許多不常用的函式庫並不會隨著預設實作一起提供，而是需要明確地安裝。因為未提供所有函式庫作為內建功

能，安裝在你電腦上的 Python 套件相對來說較小，但不會犧牲外部函式庫的潛在能力。最重要的是，這些函式庫本身相對較小──它們都專注於有限的函數子集合上。因而我們有許多小型函式庫，每個函式庫負責整體的一小部分，摒棄了用單一大型函式庫解決所有問題。小即是美。

每隔幾年，就會出現新的架構模式，並承諾將大型單一應用程式分解為漂亮的小型應用程式，以擴大軟體開發週期。最近的例子是「通用物件請求代理架構」（Common Object Request Broker Architecture, CORBA）、服務導向架構（service-oriented architecture, SOA）和微服務（microservice）架構。這些架構的想法是將一個大的軟體區塊分解成一系列可獨立部署的元件，然後透過多個程式存取，而不僅是單一程式；期盼能透過共享和建構彼此的微服務來加速軟體開發領域的整體進步。

這些*趨勢*的潛在驅動力是編寫模組化和可重用程式碼的想法。研究本章所提出的想法，你已經準備好從根本上快速理解這些*趨勢*和即將到來的*趨勢*，並朝著模組化的方向發展。從一開始就應用合理的原則來保持領先地位是值得的。

NOTE 深入探討這個令人興奮的主題超出了本書範圍，但我會建議你去看看 Martin Fowler 所提供關於微服務的完善資料，網址為 https://martinfowler.com/articles/microservices.html。

第 4 條：盡快建立原型

Unix 團隊熱心支持著我們在第 3 章中討論的原則：建置最小可行產品（MVP）。這麼做你就不會陷入完美主義的惡性循環中──不斷增加功能，讓複雜度以不必要的指數速率增長。如果你在進行的是大型軟體應用程式開發如作業系統，你絕對無法承擔複雜性所帶來的風險！

圖 7-2 顯示了一個早期應用程式啟動的範例，該 app 本身充滿了不必要的功能，違反了 MVP 原則。

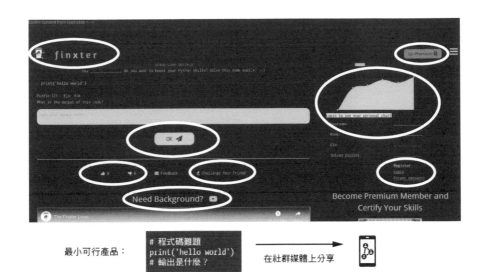

▲ 圖 7-2：Finxter.com app 與 Finxter MVP。

　　該 app 具有互動式解答檢查、難題投票、使用者統計、使用者管理、進階功能、相關影片等功能，還有像是 logo 的簡單功能。在產品初次發布時，這些功能都是不必要的。事實上，Finxter 應用程式的 MVP 應該只是一個「在社群媒體上分享的簡單程式碼難題的圖像」，這已經足以驗證使用者需求的假設，而不需要花上好幾年時間去建立應用程式。**早點失敗、經常失敗、在失敗中前進吧！**

第 5 條：選擇可攜性而非效率

可攜性（portability）是系統或程式從一個環境移植到另一個環境時，仍然可以正常執行的能力。軟體的一個主要優點是它的可攜性：你可以在自己的電腦上寫程式，然後數百萬使用者可以在他們的電腦上執行同一個程式，不用進行任何調整。

　　然而，可攜性是以「效率」作為代價的。這種**「可攜性 / 效率的取捨」**（portability/efficiency trade-off）在技術文獻中有詳細記錄：你可以僅針對一種類型的環境制定軟體來達到更高的效率，但這會犧牲可攜性。**虛擬化**（virtualization）是這種取捨的好例子：透過在軟體和底

層基礎架構之間增加一層軟體，就可以在幾乎所有的**實體機**上執行你的程式。此外，虛擬機可以將目前執行狀態從一台實體機移到另一台實體機；這提高了軟體的可攜性，但是，為了虛擬化所添加的中間層會降低執行時間及記憶體的效率，因為在程式和實體機之間進行中介會帶來額外的負擔。

Unix 哲學主張選擇可攜性而非效率；這是有道理的，因為作業系統被很多人所使用。

但偏好可攜性的經驗法則也適用於更廣泛的軟體開發人員。降低可攜性表示降低應用程式的價值。當今，從根本上提高可攜性是很常見的——即便是以效率作為代價。我們都期望基於 Web 的應用程式可以在每一台裝有瀏覽器的電腦上執行，無論是 macOS、Windows 還是 Linux。Web 應用程式也愈來愈具備無障礙性，例如能夠服務視覺障礙，即使託管一個促進無障礙性的網站可能效率較低。許多資源都比運算週期來得更有價值：人類生命、人類時間，以及電腦帶來的其他長遠後果。

但是，除了這些一般性考量之外，為可攜性進行程式設計代表什麼呢？在清單 7-4 中，我們建立了一個函數來計算指定參數的平均值——按照我們編寫它的方式，它沒有針對可攜性進行優化。

```python
import numpy as np

def calculate_average_age(*args):
    a = np.array(args)
    return np.average(a)


print(calculate_average_age(19, 20, 21))
# 20.0
```

清單 7-4：平均函數，未具有最大可攜性

此程式碼不具可攜性，有兩個原因。首先，函數名稱 calculate_average_age() 不夠通用，無法在任何其他情境中使用，儘管它只是計算平均值。舉例來說，你可能不會想用它來計算網站的平均訪問人數。其

次，它使用了一個不必要的函式庫，因為你可以在沒有任何外部函式庫的情況下輕鬆計算平均值（參見清單 7-5）。使用函式庫通常是個好主意，但前提是它們要能增加價值。在這個例子中，新增一個函式庫會降低可攜性，因為使用者可能沒有安裝這個函式庫；更何況，它幾乎沒有提高效率。

在清單 7-5 中，我們重新建立了具有高可攜性的函數。

```
def average(*args):
    return sum(args) / len(args)


print(average(19, 20, 21))
# 20.0
```

清單 7-5：具有可攜性的平均函數

我們將函數重新命名讓它更加通用，並取消了不必要的匯入。現在你不必擔心該函式庫是否不具價值了，你可以將相同的程式碼移植到你其他的專案中。

第 6 條：將資料儲存在純文字檔中

Unix 哲學鼓勵使用**純文字檔**來儲存資料。純文字檔是簡單文本或二進位檔案，沒有高級機制來存取檔案內容——不像資料庫社群使用的許多效能更高但也更複雜的檔案格式，這些是簡單的、人類可閱讀的資料檔案。常見的 CSV（comma-separated values，逗號分隔值）格式是純文字檔案格式的一種，其中每一行都與一個資料項相關（參見清單 7-6），不熟悉資料的人也可以藉由查看它大致了解資料的內容。

```
Property Number,Date,Brand,Model,Color,Stolen,Stolen From,Status,Incident
number,Agency
P13827,01/06/2016,HI POINT,9MM,BLK,Stolen Locally,Vehicle,Recovered
Locally,B16-00694,BPD
P14174,01/15/2016,JENNINGS J22,,COM,Stolen Locally,Residence,Not
Recovered,B16-01892,BPD
P14377,01/24/2016,CENTURY ARMS,M92,,Stolen Locally,Residence,Recovered
```

```
Locally,B16-03125,BPD
P14707,02/08/2016,TAURUS,PT740 SLIM,,Stolen Locally,Residence,Not
Recovered,B16-05095,BPD
P15042,02/23/2016,HIGHPOINT,CARBINE,,Stolen Locally,Residence,Recovered
Locally,B16-06990,BPD
P15043,02/23/2016,RUGAR,,,Stolen Locally,Residence,Recovered Locally,B16-
06990,BPD
P15556,03/18/2016,HENRY ARMS,.17 CALIBRE,,Stolen Locally,Residence,Recovered
Locally,B16-08308,BPD
```

清單 7-6：來自 Data.gov 的被竊槍支資料，以文字檔案格式（CSV）提供

　　你可以輕鬆分享純文字檔，在任何文字編輯器中開啟檔案，以及手動進行修改。但這種便利也以效能作為代價：針對特定目的專門設計的資料格式，可以更有效率地儲存和讀取資料。例如，資料庫使用自己磁碟上的資料檔案，這些檔案使用了優化技術像詳細索引和壓縮方案來表示日期。如果你開啟它們，什麼都看不懂。跟純文字檔相比，這些優化讓程式能夠以更少的記憶體消耗和更低的負擔去讀取資料。在一個純文字檔中，系統必須掃描整個檔案才能讀取特定的行。Web 應用程式還需要更高效的優化資料表示法，才能讓使用者以低延遲的方式快速存取，因此很少使用平面表示法和資料庫。

　　但是，你應該確定需要優化資料表示法時再使用它們——例如，如果你建立一個對效能高度敏感的應用程式，像是 Google 搜索引擎可以瞬間找到與使用者查詢最相關的 Web 文件！對於許多較小的應用程式來說，例如擁有 10,000 筆真實資料集的機器學習模型訓練，會推薦以 CSV 格式來儲存資料，因為使用有專門格式的資料庫會降低可攜性並增加不必要的複雜度。

　　清單 7-7 給出一個採用一般文字格式更為適合的例子。它使用資料科學和機器學習應用程式中最流行的語言之一 Python。在這裡，我們想要對圖像（人臉）資料集執行資料分析任務，因此我們從一個 CSV 檔案載入資料並對其進行處理，採用可攜方法會比用高效資料庫更為有利。

```
From sklearn.datasets import fetch_olivetti_faces
From numpy.random import RandomState

rng = RandomState(0)

# 載入人臉資料
faces, _ = fetch_olivetti_faces(...)
```

清單 7-7：為 Python 資料分析任務從文字檔中載入資料

在 fetch_olivetti_faces 函數中，我們載入了 scikit-learn 的 Olivetti faces 資料集，其中包含一組人臉圖像。載入函數只是簡單讀取這些資料並將其載入到記憶體中，然後再開始真正的計算。這裡不需要資料庫或階層式資料結構；該程式是獨立的，無需安裝資料庫或設定進階的資料庫連接。

NOTE 我已經設定了一個互動式的 Jupyter notebook 供你在以下位置執行此範例：https://blog.finxter.com/clean-code/#Olivetti_Faces/。

第 7 條：使用軟體槓桿增加優勢

使用**槓桿效應（leverage）**意味著運用一點點能量，就能放大你的努力成果。舉例來說，在金融領域，槓桿效應意味著運用他人資金進行投資和獲利。在大公司中，這可能表示使用廣泛的經銷商網路將產品投放到世界各地的商店。身為程式設計師，你應該利用前幾代 coder 的集體智慧：使用函式庫來實作複雜的功能，而不是從頭開始編寫程式碼；使用 StackOverflow 和集體智慧，來修復程式碼中的 bug；或者，請其他程式設計師審查你的程式碼。這些槓桿效應可以幫助你事半功倍。

產生槓桿效應的第二個因素是運算能力。電腦執行的速度比人類快得多（而且成本更低）。建立更好的軟體，與更多人共享，執行更多計算能力，更頻繁使用其他人的函式庫和軟體。好的 coder 可以快速建立良好的原始碼，但優秀的 coder 懂得利用那些可用的槓桿資源來精進程式碼。

舉例來說，清單 7-8 顯示了我的著作《Python One-Liners》（No Starch Press，2020 年）中一個單行程式，它抓取給定的 HTML 文件並找到所有出現子字串 'finxter' 以及 'test' 或 'puzzle' 的 URL。

```
## 相依套件
import re


## 資料
page = '''
<!DOCTYPE html>
<html>
<body>

<h1>My Programming Links</h1>
<a href="https://app.finxter.com/">test your Python skills</a>
<a href="https://blog.finxter.com/recursion/">Learn recursion</a>
<a href="https://nostarch.com/">Great books from NoStarchPress</a>
<a href="http://finxter.com/">Solve more Python puzzles</a>

</body>
</html>
'''

## 一行程式碼
practice_tests = re.findall("(<a.*?finxter.*?(test|puzzle).*?>)", page)


## 結果
print(practice_tests)
# [('<a href="https://app.finxter.com/ "> 測試你的 Python 技巧 </a>', 'test'),
#  ('<a href="http://finxter.com/"> 解決更多 Python 難題 </a>', 'puzzle')]
```

清單 7-8：分析網頁連結的單行解決方案

透過匯入 re 函式庫，我們利用正規表達式（regular expression）的強大技術，瞬間讓幾千行程式碼執行起來，好讓我們用一行就能寫出整個程式。槓桿效應是你成為優秀 coder 最有力的夥伴。例如，在你的程式碼中使用函式庫而不是自己實作所有內容，就像使用 app 來規劃你的行程而不是使用紙本地圖來規劃每個細節。

NOTE 有關解釋此解決方案的影片，請參閱 https://pythononeliners.com/。

第 8 條：避免綁定的使用者介面

綁定的使用者介面（captive user interface）是指在進行主要執行流程之前要求使用者與程式互動的介面，例如 Secure Shell (SSH)、top、cat 和 vim 等迷你程式，以及 Python 的 input() 函數等程式語言特性。綁定的使用者介面限制了程式碼的易用性，因為它們被設計為僅在「人為參與」的情況下執行。然而，綁定使用者介面背後的程式碼功能，對於必須能夠在沒有人為操作即能與使用者互動的自動化程式來說，往往也很有用。簡單地說，如果你把好的程式碼放在一個綁定的使用者介面背後，沒有使用者的互動是無法觸及到它的！

假設你用 Python 建立了一個簡單的平均餘命計算器，它將使用者的年齡作為輸入，並根據直接的啟發式方法（heuristic）回傳預期的剩餘年數。

「如果你不到 85 歲，你的平均餘命是用 72 減去你年齡的 80%。否則就是以 22 減去你年齡的 20%。」

NOTE 啟發式方法是基於 Decision Science News 網站的一篇文章，不是程式碼。

你的初始 Python 程式碼可能類似於清單 7-9。

```
def your_life_expectancy():
    age = int(input('how old are you? '))

    if age<85:
        exp_years = 72 - 0.8 * age
    else:
        exp_years = 22 - 0.2 * age

    print(f'People your age have on average {exp_years} years left - use
them wisely!')


your_life_expectancy()
```

清單 7-9：平均餘命計算器——簡單的啟發式方法——並以綁定的使用者介面實作

下面是清單 7-9 中程式碼的一些執行結果。

```
> how old are you? 10
People your age have on average 64.0 years left - use them wisely!
> how old are you? 20
People your age have on average 56.0 years left - use them wisely!
> how old are you? 77
People your age have on average 10.399999999999999 years left - use them
wisely!
```

如果你想自己嘗試，我已經在 Jupyter notebook 中分享了該程式，網址為 https://blog.finxter.com/clean-code/#Life_Expectancy_Calculator/。但請不用太當真！

在清單 7-9 中，我們使用了 Python 的 input() 函數，它會阻擋程式執行，直到收到使用者輸入；若沒有使用者輸入，程式碼不會做任何事情。這種綁定的使用者介面限制了程式碼的易用性。如果你想計算從 1 到 100 歲每個年齡的平均餘命並繪製它，你必須手動輸入 100 個不同的年齡並將結果儲存在一個單獨的檔案中，然後將結果複製貼上到新腳本中以繪製它們。像現在這樣，該函數實際上做了兩件事：處理使用者輸入和計算平均餘命，這也違背了 Unix 的第一原則：讓每個函數做好一件事。

為了使程式碼符合這個原則，我們將使用者介面與功能分開，通常這是改善程式碼的好方法（參見清單 7-10）。

```python
# 功能
def your_life_expectancy(age):
    if age<85:
        return 72 - 0.8 * age
    return 22 - 0.2 * age


# 使用者介面
age = int(input('how old are you? '))

# 結合使用者輸入與功能，並印出結果
exp_years = your_life_expectancy(age)
```

```
print(f'People your age have on average {exp_years} years left - use them
wisely!')
```

清單 7-10：平均餘命計算器——簡單的啟發式方法——沒有綁定使用者介面

　　清單 7-10 中的程式碼在功能上與清單 7-9 相同，但有一個顯著的優勢：我們可以在各種情況下使用這個新函數，甚至是初始開發人員意想不到的情況。在清單 7-11 中，我們使用該函數計算輸入年齡介於 0 到 99 歲之間的平均餘命並繪製結果；注意移除使用者輸入介面所帶來的可攜性。

```python
import matplotlib.pyplot as plt


def your_life_expectancy(age):
    '''Returns the expected remaining number of years.'''
    if age<85:
        return 72 - 0.8 * age
    return 22 - 0.2 * age


# 繪製前 100 歲的圖表
plt.plot(range(100), [your_life_expectancy(i) for i in range(100)])

# 圖表樣式設定
plt.xlabel('Age')
plt.ylabel('No. Years Left')
plt.grid()

# 顯示並儲存圖表
plt.savefig('age_plot.jpg')
plt.savefig('age_plot.pdf')
plt.show()
```

清單 7-11：繪製 0-99 歲平均餘命的程式碼

　　圖 7-3 顯示了結果圖。

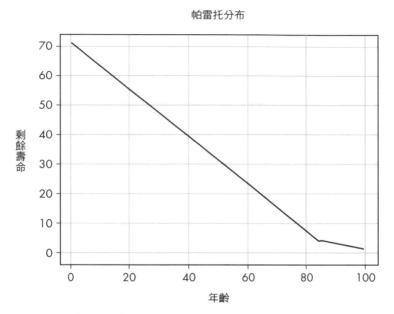

▲ 圖 7-3：啟發法對輸入年齡 0-99 的工作原理。

好吧，任何啟發法的設計本質都是粗略的——但這裡的重點是，避免使用綁定的使用者介面可以幫助我們將程式碼用於生成此圖。如果不遵守這個原則，我們就不可能重用原來的程式碼函數 your_life_expectancy，因為綁定的使用者介面需要使用者輸入 0 到 99 的每一個年齡。考慮到這個原則，我們簡化了程式碼，為以後的程式提供了使用和建立啟發法的可能性。我們沒有針對特定的使用案例進行優化，而是以一種通用的方式編寫了程式碼，以供數百種不同的應用程式使用。何不從中建立一個函式庫呢？

第 9 條：讓每個程式都成為過濾器

有一個很好的論證可以證明每個程式都是一個過濾器。過濾器使用特定的過濾機制將輸入轉換為輸出，這使我們能夠透過將一個程式的輸出作為另一個程式的輸入，輕鬆地串接多個程式，進而顯著提升程式碼的可重用性。舉例來說，在函數本身中印出計算結果通常不是一個好的做法

——相反的，Unix 哲學建議程式應該要回傳一個字串，它可以被印出來、寫入檔案或是作為另一個程式的輸入。

　　例如，對串列進行排序的程式可以視為一個過濾器，它將未排序的元素過濾成已排序的順序，如清單 7-12 所示。

```python
def insert_sort(lst):

    # 檢查串列是否為空
    if not lst:
        return []

    # 從已排序串列的第一個元素開始
    new = [lst[0]]

    # 插入每個剩餘的元素
    for x in lst[1:]:
        i = 0
        while i<len(new) and x>new[i]:
            i = i + 1
        new.insert(i, x)

    return new

print(insert_sort([42, 11, 44, 33, 1]))
print(insert_sort([0, 0, 0, 1]))
print(insert_sort([4, 3, 2, 1]))
```

清單 7-12：這個插入排序演算法將一個未排序的串列過濾成一個已排序的串列。

　　這個演算法建立了一個新的串列，並將每個元素插入「左側所有元素都小於它」的位置。該函數使用複雜的過濾器來更改元素的順序，將輸入串列轉換為已排序的輸出串列。

　　如果程式已經是過濾器，你應該用直觀的輸入 / 輸出映射（input/output mapping）來設計它；讓我來解釋一下。

　　過濾器的黃金準則是**「同質」**（homogeneous）輸入 / 輸出映射，其中一種類型的輸入映射到相同類型的輸出。例如，如果有人用英語跟

你交談，他們會希望你用英語回應，而不是用其他語言。同樣地，如果函數接受輸入參數，那麼預期的輸出就是函數回傳值；如果一個程式從一個檔案中讀取輸入，預期的輸出就會是一個檔案；如果程式從標準輸入中讀取輸入，它就應該將程式寫至標準輸出。相信到這裡你已經明白了：設計過濾器最直觀的方法是將資料保持在相同類型中。

清單 7-13 顯示了一個具有「**異質**」（heterogeneous）輸入／輸出映射的反例，其中我們建立了一個 average() 函數，將輸入參數轉換為它們的平均值——但 average() 將結果輸出到 shell，而不是回傳平均值。

```
def average(*args):
    print(sum(args)/len(args))


average(1, 2, 3)
# 2.0
```

清單 7-13：異質輸入／輸出映射的反例

清單 7-14 展示了一個更好的方法，讓函數 average() 回傳平均值（同質輸入／輸出映射），然後你可以使用 print() 函數在單獨的函數呼叫中將其印出到標準輸出。這樣更好，因為它允許你將輸出寫入檔案而不是印出它——或者，甚至可以將它作為另一個函數的輸入。

```
def average(*args):
    return sum(args)/len(args)


avg = average(1, 2, 3)
print(avg)
# 2.0
```

清單 7-14：同質輸入／輸出映射的正例

當然，有些程式會從一個類型過濾到另一個類型——例如，將檔案寫至標準輸出或將英語翻譯成西班牙語。但要遵循「建立只做一件事的程式」原則（參見 Unix 原則 1），這些程式不應該做任何其他事情。這是編寫直觀自然程式的黃金標準——將它們設計為過濾器！

第 10 條：較差較好

此原則建議，開發功能較少的程式碼在實務中通常是更好的做法。當資源有限時，最好先發布一個較差的產品並率先進入市場，而不是在發布之前不斷努力設法讓它變得更好。這個原則是由 LISP（list processing）開發者 Richard Gabriel 在 80 年代後期所提出，類似於第 3 章中的 MVP 原則。請不要過於從字面上理解這個違反直覺的原則，從定性的角度來看，更差並不代表更好。如果你有無限的時間和資源，最好永遠要讓程式完美無缺；然而，身處在一個資源有限的世界，發布較差的東西往往更有效率。例如，粗糙直接的解決方案會給你帶來「先行者優勢（first-mover advantage）」，吸引早期採用者快速回饋，並在軟體開發過程的早期階段獲得動力和關注。許多從業者認為，後進者必須投入更多的精力和資源，才能創造出更好的產品把使用者從先行者那裡吸引過來。

第 11 條：Clean Code 勝過 Clever Code

我稍微修改了 Unix 哲學中的原則：**清晰勝於精心設計（clarity is better than cleverness）**。首先，將此原則放在開發程式碼上，其次，讓它跟你已經學過的原則保持一致性：如何**編寫 clean code**（見第 4 章）。

這個原則強調了無瑕程式碼（clean code）和精心設計的程式碼（clever code）之間的取捨：clever code 不應該犧牲了簡潔性。

舉例來說，看看清單 7-15 中的簡單氣泡排序演算法（bubble sort algorithm）。氣泡排序演算法透過迭代遍歷整個串列，並調換任兩個未排序相鄰元素的位置，來對串列進行排序：較小的元素在左側，較大的元素在右側。每次發生調換，串列會變得比較有順序。

```
def bubblesort(l):
    for boundary in range(len(l)-1, 0, -1):
        for i in range(boundary):
            if l[i] > l[i+1]:
                l[i], l[i+1] = l[i+1], l[i]
    return l
```

```
l = [5, 3, 4, 1, 2, 0]
print(bubblesort(l))
# [0, 1, 2, 3, 4, 5]
```

清單 7-15：Python 中的氣泡排序演算法

清單 7-15 中的演算法具可讀性和清晰性，它達成目標，而且沒有包含不必要的程式碼。

現在，假設你聰明的同事爭辯說你可以使用「**條件賦值**」（**conditional assignment**）來縮短程式碼，用少一行程式碼來表達 if 敘述句（見清單 7-16）。

```
def bubblesort_clever(l):
    for boundary in range(len(l)-1, 0, -1):
        for i in range(boundary):
            l[i], l[i+1] = (l[i+1], l[i]) if l[i] > l[i+1] else (l[i], l[i+1])
    return l


print(bubblesort_clever(l))
# [0, 1, 2, 3, 4, 5]
```

清單 7-16：Python 中的「聰明」氣泡排序演算法

該技巧不會改善程式碼，但會降低可讀性和清晰度。條件賦值的特性可能很聰明，但使用它們的代價是失去用 clean code 表達想法的機會。有關如何編寫 clean code 的更多提示，請參閱第 4 章。

第 12 條：設計與其他程式連接的程式

你的程式不是孤立存在的。一個程式會被呼叫來執行一個任務，可能是被人類呼叫，或被另一個程式呼叫。因此你需要設計 API 與外部世界（使用者或其他程式）協作。遵行 Unix 第 9 條原則：**讓每個程式都成為過濾器**，這意味著要確保輸入／輸出映射是直觀的，你現在已經在設計連接的程式了，而不是讓它們繼續孤立存在。優秀的程式設計師既是建築師又是工匠，他們將新舊函數以及其他人的程式結合在一起，建立一個獨特的新程式。因此，「介面」能夠成為開發週期的核心。

第 13 條：讓程式碼強健

如果 codebase 不容易被破壞，那麼它就是**強健的（robust）**。關於程式碼強健性有兩種觀點：程式設計師的觀點和使用者的觀點。

身為程式設計師，你在修改程式碼時很可能會破壞程式碼。因此，如果連粗心的程式設計師也可以在 codebase 上工作而不會輕易破壞其功能，那麼 codebase 就具有**防禦更改的強健性（robust against change）**。假設你有一個龐大的單一整體程式碼區塊，而且在你組織中的每個程式設計師都擁有它的「編輯權限」（edit access），那麼任何微小的改變都可能破壞整個程式碼。現在，將它與 Netflix 或 Google 這種大型企業開發的程式碼做比較，在這類公司，每一項更改都必須經過多個層級批准才能部署到現實世界中；更改要經過全面測試，這樣部署的程式碼才不會因為破壞性的更改而出差錯。透過增加保護層，Google 和 Netflix 讓他們的程式碼比脆弱單一的 codebase 更為強健。

達到 codebase 強健性的一種方法是控制存取權限，這樣一來，個別開發人員就無法在未經至少一名額外人員核實的情況下破壞應用程式，以確保更改更可能「增加價值」而非「破壞程式碼」。這個過程可能會以「降低敏捷性」作為代價，但如果你不是一人新創公司，那麼這個代價是值得的。我們在本書中已經看到了確保程式碼強健性的其他方法：小即是美、建立能做好一件事的函數、使用測試驅動開發、讓事情變得簡單。還有一些易於應用的技術，如下：

- 使用 Git 之類的版本控制系統，以便回到程式碼先前的版本。

- 定期備份你的應用程式資料，讓它可復原（資料不是版本控制系統的一部分）。

- 使用分散式系統來避免單點故障：在多台機器上執行你的應用程式以降低發生故障的機器對應用程式產生不利影響的可能性。假設一台機器每天有 1% 的故障機率——大約每 100 天就會發生一次故障。建立一個由五台獨立故障機器組成的分散式系統，理論上可以將你的故障機率降低到 $0.01^5 \times 100\% = 0.00000001\%$。

對於使用者來說，若不能透過提供錯誤甚至惡意的輸入輕易破壞應用程式，那麼該應用程式就是強健的。假設你的使用者會像一群大猩猩一樣敲打鍵盤並提交一串隨機字元，或是技術高超的駭客比你更了解應用程式，而且準備好攻破你的系統，哪怕是利用最小的安全問題，你的應用程式必須對這兩種類型的使用者都具備強健性。

防禦前一種情形相對較簡單。單元測試是一個強大的工具：針對你能想到的任何函數輸入，進行函數測試，尤其是邊界情況。舉例來說，如果你的函數採用整數輸入並且計算平方根，請檢查它是否可以處理負數輸入和 0，因為未經處理的例外情況會破壞可靠、簡單、可鏈接的程式鏈。然而，未經處理的例外情況導致了另一個更微妙的問題，這個問題是由資安專家和本書的技術編輯 Noah Spahn 提出來的：提供破壞程式的輸入，可以讓攻擊者在主機作業系統中建立一個立足點。因此，檢查你的程式處理各種輸入的能力，進而讓你的程式碼更加強健！

第 14 條：修復你能修復的——否則儘早宣告失敗

雖然盡可能修復程式碼中的問題是理所當然的，但你不應該隱藏無法修復的錯誤。隱藏的錯誤會迅速擴展，隱藏的時間愈長，問題就會愈來愈大。

錯誤是會累積的。例如，假設你的駕駛輔助應用程式中的語音辨識系統輸入了錯誤的訓練資料，將兩個完全不同的音波分類為同一個單詞（見圖 7-4）。結果，你的程式碼在嘗試將兩個完全不同的語音波型映射到同一個英語單詞時引發了錯誤（例如，嘗試將這種矛盾資訊存在將英語單詞映射到語音波型的反向索引中，可能會發生錯誤）。你可以用兩種方式編寫程式碼：隱藏錯誤，或將錯誤告知應用程式、使用者或程式設計師。雖然許多 coder 直覺地希望向使用者隱藏錯誤以提高可用性，但這不是最明智的做法。錯誤訊息應該攜帶有用的資訊。如果你的程式碼讓你及早意識到這個問題，你就可以提前想出解決辦法。你最好及早意識到錯誤，以免後果不斷累積，毀掉幾百萬美元甚至是人命。

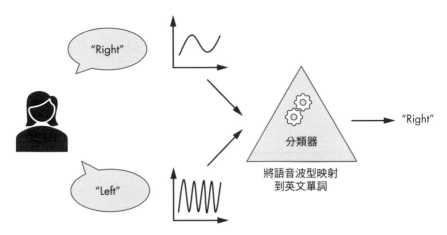

▲ 圖 7-4：訓練階段的分類器將兩個不同的語音波型映射到同一個英文單詞。

就算使用者不喜歡錯誤訊息，而且會降低應用程式的可用性，最好還是把無法修復的錯誤提出來並交給使用者，而不是埋藏起來。另一種做法是隱藏錯誤，直到問題擴展到無法處理的地步。

繼續我們的錯誤訓練資料範例，清單 7-17 展示了一個例子，其中 Python 的 classify() 函數接受一個輸入參數——待分類的波型——並回傳與該分類相關的英語單詞。假設你已經實作了 duplicate_check(wave, word) 函數，使用一組 wave 和 word 去檢查資料庫中明顯不同的波型是否會導致相同的分類。在這種情況下，分類是不明確的，因為兩個完全不同的波型會映射到同一個英語單詞，你應該拋出 ClassificationError 與使用者分享這一點，而不是回傳對分類單詞的隨機猜測。沒錯，使用者會很生氣，但至少他們有機會自己處理錯誤的後果。**「修復你能修復的——否則儘早宣告失敗！」**

```python
def classify(wave):
    # 執行分類
    word = wave_to_word(wave)     # 待實作

    # 檢查是否有其他波型
    # 產生相同的單詞
    if duplicate_check(wave, word):
```

```
# 不要回傳隨機的猜測並隱藏錯誤！
raise ClassificationError('Not Understood')

    return word
```

清單 7-17：程式碼片段——如果不能明確地對波型進行分類，則用帶有噪音的失敗訊息取代隨機猜測

第 15 條：避免手動破解：編寫能夠生成程式的程式

這個原則建議，可以自動生成的程式碼就**應該要**自動生成，因為人類很容易出錯，尤其是在高重複性和無聊的活動中更容易犯錯。有很多方法可以做到這一點——事實上，現代高階程式語言（如 Python）就是使用這樣的程式編譯成機器碼（machine code）。透過撰寫程式來產生（編譯）程式，開發那些編譯器的人幫助了高階程式設計師建立各種應用軟體，不用去擔心低階的硬體程式語言。如果沒有那些為我們編寫程式的（編譯）程式，電腦業現今仍是處於起步階段。

今天，程式碼產生器和編譯器已經能夠生成大量的原始碼。讓我們從另一個角度來思考這個原則。現今機器學習和人工智慧技術將這種編寫程式的概念提升到了另一個層次。智慧機器（機器學習模型）由人類組裝，然後根據資料繼續覆寫（和調整）自己。技術上來說，機器學習模型是一個程式，它經過多次自我覆寫，直到此行為最大化一個設定的適應度函數（通常由人類設定）。隨著機器學習滲透（且盛行）到電腦科學更多領域，此原則在現代計算中將愈發重要。人類程式設計師在使用這些強大工具方面仍然扮演著重要的角色；畢竟編譯器並沒有取代人類勞動，而是開闢了一個由人類程式設計師所建立的應用程式新世界。我預料程式設計也會發生同樣的情況：機器學習工程師和軟體架構師會透過連接不同的低階程式（例如機器學習模型）來設計高階應用程式。好吧，這是我對這個話題的一種看法——你的看法可能更樂觀或更不樂觀！

結論

　　在本章中，你學到了 Unix 創造者所設計、用於編寫更好的程式碼的 15 條原則。你可以重複善加應用——當你讀完下面這個清單，好好思考如何將每條原則應用到你目前的程式專案上。

- 讓每個函數做好一件事。

- 簡單勝於複雜。

- 小即是美。

- 盡快建立原型。

- 選擇可攜性而非效率。

- 將資料儲存在純文字檔中。

- 使用軟體槓桿增加優勢。

- 避免綁定的使用者介面。

- 讓每個程式都成為過濾器。

- 較差較好。

- clean code 勝過 clever code。

- 設計與其他程式連接的程式。

- 讓你的程式碼強健。

- 修復你能修復的——否則儘早宣告失敗。

- 編寫能產生程式的程式。

　　在下一章中，你將了解簡約主義對設計的影響，以及它如何幫助你設計出讓使用者滿意的應用程式，方法是，做更少的事。

參考資料

Mike Gancarz, The Unix Philosophy, Boston: Digital Press, 1994.

Eric Raymond, The Art of Unix, Boston: Addison-Wesley, 2004, http://www.catb.org/~esr/writings/taoup/html/.

8

設計中的「少即是多」

「簡單」是程式設計師的一種生活方式。或許你不認為自己是設計師，但你很可能會在撰寫程式的生涯中創造許多使用者介面。無論你是需要建立美觀儀表板的資料科學家，還是資料庫工程師，需要建立一個易於使用的 API ，或者是需要建立簡單 Web 前端、以便將資料填寫到智慧合約中的區塊鏈開發人員，了解基本設計原則將會挽救你和你的團隊──況且這些原則也很容易掌握！本章所涵蓋的設計原則是通用的。

具體來說，你將探索電腦科學中最能從簡約主義思維中獲益的一個重要領域：設計和使用者體驗（user experience, UX）。要了解簡約主義在設計和 UX 中的重要性，請想一想 Yahoo Search 和 Google Search 之間的差異、Blackberry 和 iPhone 之間的差異、Facebook Dating 和 Tinder 之間的差異：獲勝的技術通常帶有極其簡單的使用者介面。那麼，在設計上是否也能遵從「少即是多」呢？

我們首先會簡要介紹一些從創作者徹底專注中獲益的創作。稍後將說明你該如何在自己的設計過程中應用簡約主義。

手機演變中的簡約主義

我們可以在行動電話的演變中，看到簡約主義在運算設計中的一個典型例子（見圖 8-1）。Nokia 的 Mobira Senator 是最早的商用行動電話之一，它於 1980 年代發布，重十公斤，操作起來相當複雜。一年後，Motorola 推出了 DynaTAC 8000X 原型機，重量輕了十倍——僅重一公斤。Nokia 不得不使出看家本領提升競爭力，於 1992 年推出了重量只有 DynaTAC 8000X 一半的 1011 型號。 近十年後的 2000 年，根據摩爾定律（Moore's laws），Nokia 代表性產品 Nokia 3310 大獲成功，其機身重量僅 88 公克。隨著手機技術愈來愈複雜，使用者介面包括尺寸、重量甚至按鈕數量都大幅簡化。手機的演變可以證明，即使應用程式的複雜度增加了幾個數量級，也可以做到極簡設計。你甚至可以這麼說，簡約設計為智慧型手機應用程式的成功及其在當今世界的爆炸式使用，舖建了一條康莊大道。過去使用 Nokia Senator 瀏覽網頁、使用地圖服務或發送影音訊息真的非常困難！

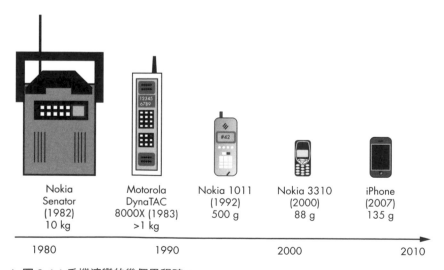

▲ 圖 8-1：手機演變的幾個里程碑。

除了智慧型手機，簡約設計在許多產品中都很明顯。許多公司用它來改進 UX 並建立專注於特定功能的應用程式。還有什麼比 Google 搜尋引擎更好的例子呢？

搜尋的簡約主義

在圖 8-2 中，我畫了一個簡約的設計，類似 Google（及其模仿者）將其主要使用者介面設計成一個徹底簡化的網路入口。別搞錯了，簡約乾淨的設計並非偶然。這個登陸頁面（landing page）每天都有數十億名使用者拜訪，它可能是網路上「所謂的」主要資產。Google 登陸頁面上的一個小廣告可能會產生數十億次點擊，並可能為 Google 帶來數十億美元的收入，但 Google 不允許這些廣告把登陸頁面弄得亂七八糟，儘管這會失去短期收入的機會——因為公司主管知道，透過簡約設計保持品牌完整性和專注度，比出售這個重要資產所產生的利潤更有價值。

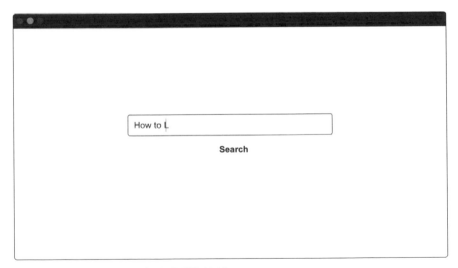

▲ 圖 8-2：簡約設計的現代搜尋引擎範例。

現在，將這種乾淨、專注的設計與 Bing 和 Yahoo! 等利用主要資產的其他搜索引擎設計進行比較（見圖 8-3）。

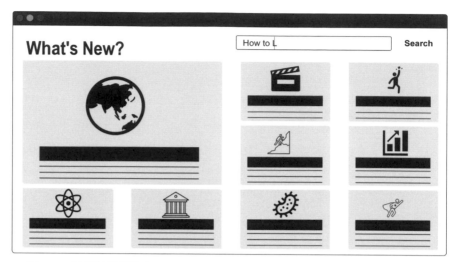

▲ 圖 8-3：這是搜尋引擎還是新聞總覽？

即使是基本的搜尋引擎網站像 Yahoo! 這樣的公司，也走上了相同的道路：他們在寶貴的資產上堆滿了新聞和廣告來增加短期收入。但這些收入並沒有持續多久，因為雜亂的設計嚇跑了產生收益的商品：使用者。易用性的降低導致他們失去競爭優勢，使用者的習慣性搜索行為也跟著受到損害而不斷減少。任何與搜尋無關的額外網站元素都會為使用者帶來更多認知挑戰，他們必須忽略那些吸引人的標題、廣告和圖片。順暢的搜尋體驗是 Google 不斷增加市占率的原因之一。結果尚未定論，但在過去幾十年中，專注簡潔的搜尋引擎愈來愈流行，彰顯出簡約和專注設計的優勢。

材料設計

Google 發展並堅持「材料設計」（material design）哲學和設計語言，它描述一種根據使用者直觀理解的內容來組織和設計畫面元素的方法：紙、卡片、筆和影子等實際元素。上一節中的圖 8-3 展示了一個材料設計的範例；該網站結構化為卡片，每張卡片代表一段內容，創造出類似於帶有圖片和標題文案的報紙版面。儘管 在 2D 螢幕上創造出來的 3D 效果只是一種幻覺，但網站的外觀卻給人一種真實存在的感覺。

圖 8-4 比較了左側的「材料設計」和右側去除了不必要元素的「非材料設計」。你可能會辯稱「非材料設計」更簡約，在某種程度上，你是對的，它佔用了更少的空間，使用更少顏色和非功能性視覺元素（如陰影）。然而，由於缺乏邊界和直觀熟悉的排版，非材料設計會讓讀者更加困惑。真正的簡約主義者總是用更少的昂貴資源來完成同樣的任務。在某些情況下，這意味著減少網站上視覺元素的數量；而在其他情況下，則代表要添加一些元素來減少使用者思考的時間。根據經驗：使用者時間是比畫面空間更為稀缺的資源。

你可以在 https://material.io/design/ 找到材料設計的完整介紹以及許多精美的案例研究。隨著新的設計系統出現，使用者愈來愈熟悉數位工作，材料隱喻（material metaphor）對於下一代電腦使用者來說可能會變得不那麼有用。不過，目前只需注意簡約主義需要仔細思考相關資源：時間、空間和金錢——並根據應用程式的需要來權衡它們。總而言之，簡約設計擺脫了所有不必要的元素，並創造出可能會滿足使用者的精美產品。

接下來，你將學到如何達到簡約設計。

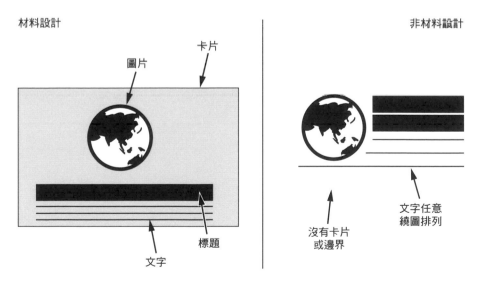

▲ 圖 8-4：材料設計與「非材料」設計。

如何達到簡約設計

在本節中，你將學習一些技巧和方法，以了解如何實現目標明確的專注簡約設計。

運用留白

「留白」是簡約設計的關鍵重點之一。在你的應用程式中增加留白看起來像是在浪費寶貴的空間；沒有充分使用高流量網站的每一寸空間，一定是瘋了對吧？你可以將空間用於廣告、幫助銷售產品的「行動呼籲」（calls to action, CTA）、有關價值主張（value proposition）的附加資訊，或是個性化推薦系統（personalized recommendation）。你的應用程式愈成功，利害關係人就愈會想爭取可以得到的每一點關注，而且，很可能沒有人會要求你從 app 中刪除非留白元素。

「減法」思考或許不是自然成形；然而，以留白置換設計元素會提高清晰度，並產生更集中的使用者體驗。成功的公司應用留白讓頁面保持清晰，使用者專注於內容上，設法將最重要的事當成重點。例如，Google 登陸頁面使用了大量留白，Apple 在展示產品時亦使用了大量留白。在考慮你的使用者時，請記住這一點：如果你讓他們感到困惑，他們就會離你而去。留白增加了使用者介面的清晰度。

圖 8-5 顯示了線上披薩外送服務的簡單設計思維。留白強化聚焦在主要的重點上：讓客戶訂購披薩。不幸的是，很少有披薩外送服務敢以如此極端的方式大量使用留白。

▲ 圖 8-5：使用大量留白。

留白也可以提高文字的清晰度。看看圖 8-6，它比較了兩種格式化段落的方法。

Python One-Liners
There are five more reasons I think learning Python one-liners will help you improve and are worth studying.
First, by improving your core Python skills, you'll be able to overcome many of the small programming weaknesses that hold you back. It's hard to make progress without a profound understanding of the basics. Single lines of code are the basic building block of any program. Understanding these basic building blocks will help you master high-level complexity without feeling overwhelmed.
Second, you'll learn how to leverage wildly popular Python libraries, such as those for data science and machine learning. The book is divided into five one-liner chapters, each addressing a different area of Python, from regular expressions to machine learning. This approach will give you insight into the broad horizon of possible Python applications you can build, as well as teach you about how to use the powerful libraries.
Third, you'll learn to write more Pythonic code. Beginning Python users, especially those coming from other programming languages, often write code in "unpythonic" ways. We'll cover Python-specific concepts like list comprehension, multiple assignment, and slicing, all of which will help you write code that's easily readable and sharable with other programmers in the field.
Fourth, studying Python one-liners forces you to think clearly and concisely. When you're making every single code symbol count, there's no room for sparse and unfocused coding.
Fifth, your new one-liner skill set will allow you to see through overly complicated Python codebases, and impress friends and interviewers alike. You may also find it fun and satisfying to solve challenging programming problems with a single line of code. And you wouldn't be alone: a rich online community of Python geeks compete for the most compressed, most Pythonic solution to various practical (and not-so-practical) problems.

Python One-Liners

There are five more reasons I think learning Python one-liners will help you improve and are worth studying.

First, by improving your core Python skills, you'll be able to overcome many of the small programming weaknesses that hold you back. It's hard to make progress without a profound understanding of the basics. Single lines of code are the basic building block of any program. Understanding these basic building blocks will help you master high-level complexity without feeling overwhelmed.

Second, you'll learn how to leverage wildly popular Python libraries, such as those for data science and machine learning. The book is divided into five one-liner chapters, each addressing a different area of Python, from regular expressions to machine learning. This approach will give you insight into the broad horizon of possible Python applications you can build, as well as teach you about how to use the powerful libraries.

▲ 圖 8-6：文本中的留白。

圖 8-6 的左側可讀性差得多。右側注入留白來提高可讀性和使用者體驗：文本區塊左右兩側的邊距、段落縮排、增加行高、段落頂部和底部的邊距、增加字級。這個額外空間的成本可以忽略不計：用滑鼠滾動很便宜，而且出版物是數位出版品，不必實際砍伐更多樹木來製紙。另一方面，好處是非常真實的：你的網站或應用程式的 UX 會顯著改善！

刪除設計元素

這個原則很簡單：逐一檢查每個設計元素，可以的話就捨棄它。**設計元素（design element）**是使用者介面的任何可見元素，像是選單項目、行動呼籲、特色清單、按鈕、圖片、框框、陰影、表單欄位、彈出視窗、影片，以及佔據使用者介面空間的所有其他元素。確實審視所有設計元素並問自己：「我可以刪除它嗎？」你會很驚訝答案是肯定的！

別搞錯了——刪除設計元素並不容易！你花了時間和精力創造它們，而沉沒成本（sunk cost）謬誤讓你想要堅持保留你的心血結晶，即使它們是不必要的。圖 8-7 顯示了一個理想化的編輯流程，其中你根據每個元素對 UX 的重要性對其進行分類。舉例來說，參照貴公司部落格的選單項目是否有助於使用者在訂購產品時完成結帳流程？並沒有，所以它應該被歸類為不重要。Amazon 已經從訂購流程中去除掉所有不必要的設計元素，例如：導入一鍵購買按鈕（one-click buy button）。當我第一次在科學寫作研討會上了解到這種方法時，它徹底改變了我對編輯的看法。刪除不重要和不太重要的設計元素可以保證提高易用性，而且風險很小。但只有真正傑出的設計師才有膽量拿掉「重要」的設計元素，只留下「非常重要」的元素；而這正是「傑出」設計與「不錯」設計的差異。

圖 8-8 示範了一個雜亂設計和一個簡約、經過編輯的設計。左側的訂購頁面是你可能看到的線上披薩外送服務頁面，有些元素非常重要，像是收貨地址和訂購按鈕，但那些過於詳細的配料表和「What's New?」資訊欄位則沒那麼重要。右側是此訂購頁面編輯過的版本。我們刪除了不必

要的元素，專注於最受歡迎的追加銷售（upsell）商品，將配料與標題結合在一起，並將標籤與表單元素整合起來。這使我們能夠增加更多留白，甚至將一個非常重要的設計元素放大：美味披薩的圖片！透過改進使用者體驗──減少頁面雜亂並強化焦點，可能會增加訂購頁面的轉換率（conversion rate）。

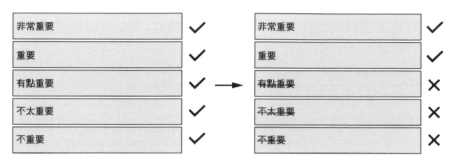

▲ 圖 8-7：理想化的編輯流程。

▲ 圖 8-8：刪除不重要的元素：具有許多設計元素、未聚焦訂購頁面（左）；刪除不必要設計元素、聚焦在重點的訂購頁面（右）。

移除功能

實作簡約設計的最佳方法是從你的應用程式中刪除所有功能！你已經在第 3 章關於建立 MVP 學過這個概念，它具有驗證假設所需的最少功能。將功能數極小化同樣有助於成熟的企業重新調整產品重點。

隨著時間過去，應用程式往往會累積功能——這種現象稱為「**功能蔓延**」（featuren creep）。結果，必須將愈來愈多的注意力轉移到維護現有功能上。功能蔓延會導致軟體膨脹，而軟體膨脹則會造成技術債（technical debt）；這會降低組織的敏捷性。移除功能背後的想法是釋放出精力、時間和資源，重新投資在對使用者最重要的少數功能上。

Yahoo!、AOL 和 MySpace 是功能蔓延影響到易用性的知名案例，這些網站都向使用者介面添加了過多功能，致使他們都失去了重點產品。

相較之下，世界上最成功的產品都是重點明確，而且能夠抵制功能蔓延，即使它看起來不像。Microsoft 是一個很好的例子，說明建置「重點明確的產品」如何幫助它成為一家超級成功的公司。一般人對 Windows 等 Microsoft 產品的認知是，執行緩慢、效率低下而且載入了太多功能。但事實並非如此！「所見即所得」——你沒有**看到**的是，Microsoft 已經移除了無數功能。儘管 Microsoft 很大，但考慮到它的規模，它的確是十分聚焦的產品。每天都有成千上萬的軟體開發人員編寫新的 Microsoft 程式碼。以下是曾在 Apple 和 Microsoft 工作過的著名工程師 Eric Traut 對 Microsoft 專注於軟體工程方法的看法：

> 很多人認為 Windows 是一個非常龐大、臃腫的作業系統，我不得不承認，這樣的描述很公平。它確實很大，包含了很多東西，但就其核心而言，構成作業系統核心的 kernel 和元件實際上是相當精簡的。

總括來說，在建立一個供許多使用者長期使用的應用程式時，移除功能必須是你日常工作的核心活動，因為它釋放了資源、時間、精力和使用者介面空間，這些被釋放的東西可以重新投入於改善重要的功能。

減少字體和顏色的變化

廣泛的變化性會導致複雜度。如果字體、字級和顏色變化太多，就會增加認知摩擦，增加使用者介面的感知複雜度，並犧牲清晰度。身為簡約主義的程式設計師，你不希望將這些會影響心理的因素建置到你的應用程式中。有效的簡約設計通常只專注使用一兩種字體、一兩種顏色以及一兩種字級。圖 8-9 舉例說明了字體、字級大小、顏色和對比度的一致性和簡約應用。也就是說，要注意到有許多方法可用於設計，也有許多做法可以在各個層面上達到專注和簡約效果。例如，簡約設計可能會使用多種不同顏色讓應用程式中有趣、多彩的屬性更加醒目。

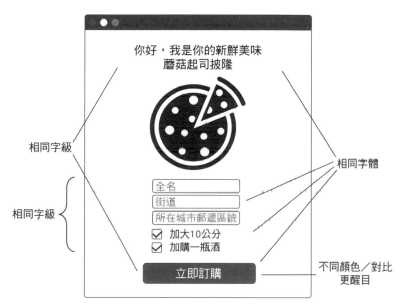

▲ 圖 8-9：字級大小、字體、顏色和對比度的簡約使用。

保持一致

應用程式通常不會由單一使用者介面組成，而是由一系列處理使用者互動的介面所組成。這將我們導向簡約設計的另一個重點：**一致性**（consistency）。我們將一致性定義為：在特定應用程式中最小化設計

選擇的變異程度。一致性是確保應用程式整體感覺具連貫性，而不是在跟使用者互動的每個步驟中呈現不同「外觀和感覺」。例如，Apple 提供了許多 iPhone 應用程式，像是瀏覽器、健康 app 和地圖服務，它們都具有相似的外觀和感覺，可以識別出是 Apple 產品。讓不同的 app 開發人員就一致的設計達成共識或許很困難，但這對於 Apple 品牌的優勢極為重要。為確保品牌的一致風格，軟體公司使用「品牌指南」，所有開發人員都必須嚴格遵守其規範。在創造你自己的應用程式時，請確保符合這個條件；你可以使用相同的樣板和（CSS）樣式表來達成這一點。

結論

本章著重於介紹簡約設計師如何主宰了設計界，Apple 和 Google 等一些最成功的軟體公司就是最好的證明。領先技術和使用者介面通常都是極簡風格。沒有人知道未來會怎樣，但語音辨識和虛擬實境的廣泛採用似乎會帶來更簡單的使用者介面。最極致的極簡設計是看不見的。隨著「無所不在的運算」（ubiquitous computing）興起——例如 Alexa 和 Siri——我認為未來幾十年將會看到更簡單、更專注的使用者介面。所以，回答一開始提出的問題：是的，在設計中「少即是多」！

在本書的下一章也是最後一章，我們將藉由討論「專注」以及它與當今程式設計師的關聯作為結尾。

參考資料

Apple's documentation of human interface design: https://developer.apple.com/design/human-interface-guidelines/

Documentation for the material design style: https://material.io/design/introduction/

9

專注

在這簡短的一章中,你將快速瀏覽本書最重要的課題:
如何專注。本書一開始就討論了複雜度,它是許多生產力
障礙的根源,而我們在這裡總結了如何根據本書學到的知識
來處理複雜度。

對抗複雜度的武器

本書的主要論點是「複雜導致混亂」。**混亂**(chaos)是專注的反
面,要解決複雜度帶來的挑戰,你需要使用**專注**(focus)這個強大的武
器。

為了證明此論點,我們先來看一下「熵」(entropy)這個科學概念,
它在許多科學領域像是熱力學和資訊理論中廣為人知。熵定義了系統中隨
機性、無序性和不確定性的程度,「高熵」表示高隨機性和混亂,「低

熵」則表示有秩序和可預測性。熵在熱力學中是著名的第二定律核心概念，該定律指出「系統的熵會隨著時間增加——最後導致高熵狀態」。

圖 9-1 用固定粒子數的排列情況來描述熵。左側的圖中，你會看到一個低熵狀態，其中粒子結構類似於一座房子。每個粒子的位置都是可預測，並遵循更有秩序及結構的方法，對於如何排列粒子有一個更巨觀的規劃。而右側的圖中，你看到的是高熵狀態：房屋結構已損壞。粒子的模式已經失去秩序，變得一團亂；隨著時間的進展——如果沒有外力施加能量來減少熵——熵會增加，所有的秩序都會被破壞。例如，毀壞的城堡就是熱力學第二定律的證明。你可能會問：熱力學與程式碼撰寫效率有什麼關係？待會兒就會知道了。讓我們繼續從第一原則去思考。

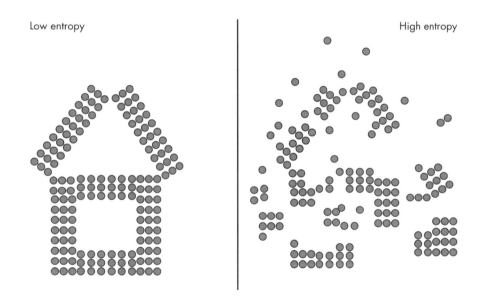

▲ 圖 9-1：低熵狀態（左）和高熵狀態（右）的對比。

「生產力」意味著創造事物，無論是蓋房子、寫書還是寫軟體應用程式。從本質上來說，要提高效率必須**減少熵**，讓資源以一種完善整體計畫的方式來安排。

　　圖 9-2 顯示了熵與生產力之間的關係。你是創造者和建設者，你取得原始資源，並集中精力將它們從高熵狀態轉移到低熵狀態，以達成更遠大的計劃。就是這樣！這是你人生中獲得超級生產力和成功所需的祕訣和一切：花時間仔細**計劃**你的行動方針、設定具體目標，並設計規律的習慣和行動步驟，就能為你帶來期望的結果。接著**專注**使用你擁有的所有資源——時間、精力、金錢和人力——直到你的計畫成真。

高熵　　　　　　　　　　　　　　　　　　　　　　　　　　　　　　　　低熵

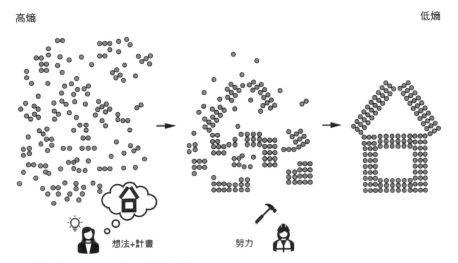

想法+計畫　　　　　　　努力

▲ 圖 9-2：熵與生產力之間的關係。

　　這聽起來可能沒什麼，但大多數人都做錯了。他們可能永遠不會將這種專注的努力用於實現一個想法，因此這個想法仍然困在他們的腦海中；其他人可能日復一日地過日子，從不去做任何新計畫。唯有同時做到這兩點——仔細計劃並專注努力——你才能成為一個有生產價值的人。因此，要成為智慧型手機 app 的開發者，你必須透過計劃和專注努力來釐清混亂，直到目標達成。

　　如果道理這麼簡單，為什麼不是每個人都這樣做呢？正如你所想的，主要障礙通常是缺乏專注所導致的複雜度。如果你有多個計畫，或者你允許你的計畫隨著時間做不必要的改變，那麼你很有可能只朝目標邁出了幾步就放棄了整個計畫。唯有在「單一」計畫上專注夠久，你

才能真正完成它。這適用於小目標，像是看一本書（你現在幾乎要完成了！），也適用於大計畫，如編寫和發布你的第一個 app。「專注」就是你缺少的那個環節。

圖 9-3 以圖解方式解釋專注力，簡單明瞭。

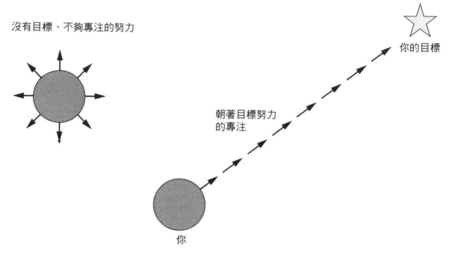

沒有目標、不夠專注的努力

你的目標

朝著目標努力
的專注

你

▲ 圖 9-3：相同努力，不同結果。

你的時間和精力有限。假設你在某一天全力以赴地工作了八小時，你可以決定如何使用這些時間。多數人花少量時間在很多活動上，例如，Bob 可能花一小時開會、一小時寫程式、一小時瀏覽社群媒體、一小時進行專案討論、一小時聊天、一小時編輯程式碼文件、一小時思考新專案以及一小時寫小說。Bob 最多只能在這些活動上獲得一般般的結果，因為他在每個活動花費的時間和精力都很少。Alice 可能花八個小時做一件事：寫程式。她每天都這樣做，朝著發布成功 app 的目標快速進展。她在少數幾件事情上表現優異，而不是在很多事情上都表現得一般般。事實上，她只擅長一項強大的技能：寫程式。朝向目標的進展是勢不可擋的。

統一所有原則

我開始寫這本書時，假設專注只是眾多生產力原則中的一個，但我很快就明白，專注是本書所有原則的統一原則。讓我們來看看：

❑ **八二法則**

專注於重要的少數：記住，20% 導致 80% 的結果並忽略許多微不足道的事情，可以將你的工作效率提高兩個數量級。

❑ **建置最小可行產品**

一次專注於一個假設，進而降低產品的複雜度，減少功能蔓延，並最大化產品市場匹配度的進展速度。在寫任何程式碼之前，清楚設定使用者的需求。刪除所有非絕對必要的功能。少即是多！花更多時間思考要實作哪些功能，而不是實際動手實作。快速且經常發布你的 MVP，並藉由測試和逐漸增加功能來逐步改進它。使用 A/B 測試來測試兩個產品變體的回饋，並丟棄不會導致關鍵使用者指標進步的功能。

❑ **編寫乾淨簡單的程式碼**

複雜度會減緩你對程式碼的理解並增加出錯的風險。正如我們從 Robert C. Martin 那裡學到的：「花費在閱讀與寫作上的時間，比率遠超過 10 比 1。我們不斷閱讀舊程式碼，以此作為編寫新程式碼的一部分。」讓你的程式碼易於閱讀可以簡化新程式碼的編寫工作。Strunk 和 White 在他們的知名著作《The Elements of Style》（Macmillan，1959 年）中，提出了一個改進寫作的不敗原則：**省略不必要的詞**。我建議你將這個原則擴展到程式設計中並**省略不必要的程式碼**。

❑ **過早優化是萬惡之源**

將你的優化工作專注在重要的地方。過早優化，就是將寶貴的資源花費在最終證明是不必要的程式碼優化上。正如 Donald Knuth 所

言：「忘掉微小效能提升，它佔了大約 97% 時間：過早優化是萬惡之源。」我討論了我的六大效能調校技巧：應用指標進行比較、考慮八二原則、投資於改善演算法、應用「少即是多」原則、快取重複的結果，以及知道何時停止——這些全部可以總結為一個詞：**專注**。

❏ **心流**

心流是一種你完全投入手上任務的狀態——專注且全神貫注。心流研究者 Csikszentmihalyi 列出了達到心流的三個條件：（1）目標要明確。每一行程式碼都讓你更接近成功完成更大的程式專案。（2）你所在環境中的回饋機制必須存在，且最好是即時的。找人（面對面或線上）來審查你的工作並遵循 MVP 原則。（3）機會與能力之間保持平衡。如果任務太簡單，你會失去興奮的動力；如果太難，你會早早認輸。如果你遵循這些條件，更可能達到一種純粹專注的狀態。每天問自己：**今天**我能做什麼來將我的軟體專案推向下一個新境界呢？這個問題很有挑戰性，但並不是遙不可及。

❏ **做好一件事**（Unix）

Unix 哲學的基本思想是建立簡單、乾淨、簡潔、易於擴展和維護的模組化程式碼。這可以表示許多不同的事情，但目標是透過將人類的效率置於電腦效率之上，將可組合性置於整體設計之上，進而讓多人在同一個 codebase 上協作。讓每個函數只專注於一個目的。你學到了應用 15 個 Unix 原則來編寫更好的程式碼，包括小即是美、讓每個函數做好一件事、盡快建立原型、儘早宣告失敗。如果你把「**專注**」這條原則放在首位就可以掌握得更好，不需要去死背每一個原則。

❏ **設計中的「少即是多」**

這是關於使用簡約主義來專注於你的設計。想一想 Yahoo Search 和 Google Search、Blackberry 和 iPhone、OkCupid 和 Tinder 之間的差

別：贏家通常是那些擁有極簡使用者介面的技術。透過使用簡約的網頁或 app 設計，專注於你最擅長的一件事。將使用者的注意力集中在你的產品獨特價值上！

結論

複雜度是你的敵人，因為它使熵最大化。作為建設者和創造者，你希望將熵最小化：純粹的創造就是最小化熵。你可以透過專注來達成這個目標，專注是每一位創造者的成功祕訣。請記得，巴菲特和比爾蓋茲都認為他們成功的祕訣是：**專注**。

要在工作上執行專注力，請問問自己以下幾個問題：

- 我想專注在哪個軟體專案上？
- 在建立我的 MVP 時，我想專注於哪些功能？
- 要測試產品可行性，我可以實作的最少設計元素量是多少？
- 誰會使用我的產品，為什麼？
- 我可以從我的程式碼中刪除什麼？
- 我的函數是否只負責一件事？
- 我怎樣才能在更短的時間內取得同樣的結果？

如果你不斷地問自己這些或類似的重點問題，那麼你花在本書上的金錢和時間就很值得了。

作者的話

你已經讀完了整本書，而且對於如何實際提高你的程式
設計技能有了更深入的見解。你研究了編寫無瑕程式碼的
手法以及成功實踐者的策略。請允許我用個人想法來為本書
做最後的註解！

研究過複雜度難題後，你可能會想問：如果「簡化」如此強大，為什
麼不是每個人都這樣做呢？問題在於，執行簡化儘管好處多多，但需要很
大的勇氣、精力和意志力。大大小小的組織通常會堅決抵制削減工作和簡
化工作。有人負責實作、維護和管理這些功能，即使他們知道這些工作大
多無關緊要，還是會竭盡所能地維護他們的工作。問題在於「損失趨避」
（loss aversion）——很難放棄任何能提供最微小價值的東西。這是一個必
須努力克服的情緒；我從不後悔我一生中採取過的簡化措施。幾乎所有東
西都有價值，但重要的是，要考慮你為了得到價值付出了多少代價。當我
開始運作 Finxter 教育網站時，我特意決定要忽略社群媒體，沒多久就看
到我額外花在推動網站上的時間產生了顯著的正面效果。簡化不僅有利於

撰寫程式，對生活各方面也都有助益；它有能力讓你的生活更有效率，同時也更平靜。希望透過閱讀本書，你更能夠接受簡化、減法與專注。如果你決定要走簡化這條路，你不是孤立無援的；愛因斯坦相信「簡單而樸實的生活態度對每個人來說都是最好的，對身心靈亦然」。美國作家亨利梭羅（Henry David Thoreau）也說過：「簡單，簡單，簡單！我說，你的事就兩三個吧，不要變成了一百個、一千個。」而孔子亦深知「生活本來就很簡單，只不過我們把它複雜化了」。

為了幫助你不斷努力簡化，我整理了一頁 PDF 書籍摘要，你可以在本書的網頁（https://blog.finxter.com/simplicity/）上下載並列印出來，釘在你辦公室的牆上。歡迎註冊免費的 Finxter email academy，裡面教授簡短的程式設計課程——我們通常專注於令人興奮的技術領域，如 Python、資料科學、區塊鏈開發或機器學習——但我們也討論關於簡約主義、自由工作和商業策略的生產力技巧。

在你離開之前，請允許我對你花這麼多時間在本書上表示深深的感謝。我的人生目標是幫助人們透過程式碼完成更多工作，我希望這本書能幫助你實現這個目標。希望你對如何透過少做一點來提高寫程式效率已有更深一層的見解，同時我也希望你在翻過此頁後立即開始你的第一個或下一個程式專案，並在志同道合的 Finxter 程式設計師社群中保持活躍。祝你成功！